RT 1988

PAUL EUDEL

D'Alger à Bou-Saada

ILLUSTRATIONS DE H. EUDEL

PARIS
AUGUSTIN CHALLAMEL, ÉDITEUR
Rue Jacob, 17
Librairie maritime et coloniale

1904

Tous droits réservés.

D'Alger

à Bou-Saada

BIBLIOTHEQUE NATIONALE
IMPRIMES

115

LIVRES DE VOYAGES

DU MÊME AUTEUR

Le quartier Saint-Pierre à l'île de la Réunion. 1864, un vol. in-8°, Nantes, vᵉ Mellinet.

Pornic et Gourmalon. 1884, un vol. in-18, Nantes, Schwob.

Constantinople, Smyrne et Athènes. 1885, un vol. in-12, Paris, Dentu.

Le journal de bord de mon frère Émile. 1897, un volume in-4°, Savenay, Allaire et Huteau.

A la Bourboule. 1897, un vol. in-18, Paris, Paul Ollendorff.

A travers la Bretagne. 1898, un vol. in-18, Paris, Paul Ollendorff.

Mes 21 jours à la Bourboule. 1903, un vol. in-18, Niort, Clouzot.

Hivernage en Algérie (*inédit*).

En préparation :

Chez les Hollandais.

ÉVREUX, IMPRIMERIE DE CHARLES HÉRISSEY

PAUL EUDEL

D'Alger à Bou-Saada

ILLUSTRATIONS DE H. EUDEL

PARIS

AUGUSTIN CHALLAMEL, ÉDITEUR

Rue Jacob, 17

Librairie maritime et coloniale

1904

Tous droits réservés.

A NOTRE AIMABLE COMPAGNE

DE VOYAGE

Mme CÉLINE CARPENTIER

Ce volume est dédié

P. E.

D'ALGER A BOU-SAADA

I

D'ALGER A BORDJ-BOU-ARRÉRIDJ

21 avril 1899.

Je ne suis pas de l'avis d'Alphonse Karr qui prétend que le « voyage prouve moins de désirs pour ce que l'on va voir que d'ennuis de ce que l'on quitte ». Je tiens son opinion pour une boutade humoristique. Alger me charme toujours et je le quitte avec regret. Son ciel bleu, son soleil éclatant, sa rade magnifique avec sa frange d'écume, son panorama pittoresque vu des hauteurs de Mustapha, la saveur orientale des rues tortueuses de la Casbah ne me lasseront jamais. Seulement je suis en quête d'impressions nouvelles, je dispose de quelques jours et j'en profite pour connaître le désert et aussi le mirage.

A sept heures du matin, nous sommes à la gare. Quelques instants après le mécanicien purge sa machine et siffle. Le train glisse doucement sur les rails. Nous sommes en route.

Notre petite caravane se compose de cinq personnes. Il ne me sied pas d'insister sur le trio que je forme avec ma femme et ma nièce, mais permettez que je vous présente nos deux compagnons de route :

M. Paul de Cazeneuve, contrôleur de la Garantie d'Alger, un homme charmant avec lequel je suis allé déjà chez les kabyles, jusqu'au village des Beni-Yenni. J'ai mis à l'épreuve ses qualités très précieuses en voyage. Philosophe de belle humeur, se contentant de tout, se sacrifiant sans cesse, et toujours d'un dévouement absolu à ceux qui ont la bonne fortune de l'avoir pour compagnon de route.

Mme C... est une femme de tête et de bon sens. Avec une rare énergie, elle soutient depuis de longues années un procès gigantesque pour reconquérir une partie de sa fortune. Grande, distinguée, la lèvre fine, la voix agréablement timbrée, elle est charmante de manières et d'esprit ; elle a la grâce de la femme avec le courage et le sang-froid d'un homme. Très simple aussi, facile à vivre, de commerce agréable et d'une humeur toujours égale. En personne avisée, elle s'est munie d'une petite pharmacie de poche contenant les drogues classiques. Précaution utile que nous aurons plus d'une fois à apprécier en route.

Rien de particulier dans notre équipement, sauf ma coiffure. Je porte le casque d'Achille et, pour remplacer sa lance, la canne du voyageur. M. de Cazeneuve m'a offert la coiffure mythologique faite non d'airain, mais de toile et de liège léger. Très incommode ce couvre-chef au début, mais très prudent, paraît-il. Ce parasol fiché sur la tête a une utilité pratique. Le contrôleur de la Garantie s'est coiffé lui-même d'un large champignon de même nature.

Comme nous devons voyager sans malles, nous encombrons le filet de nombreux petits colis. L'expérience nous a démontré qu'il aurait mieux valu avoir une caisse et un porteur spécial. « N'oubliez ni les éventails, ni la poudre insecticide », m'a dit le commandant Rinn, lors de sa visite, la veille de mon départ.

Nous allons à Bou-Saada par Bordj-Bou-Arreridj. L'itinéraire a été longuement discuté, car ce n'est pas la seule route pour s'y rendre. Notre programme a été soigneusement arrêté à l'avance. Bou-Saada, la ville heureuse, l'oasis des palmiers ! Le nom m'attire et aussi le pays que nous devons traverser.

Déjà nous avons laissé derrière nous Alger la blanche, le Matifou violacé.

Le train a traversé les plaines fertiles de la Mitidja par où nos soldats passèrent souvent pour aller combattre les tribus révoltées et, la première fois, lors de l'expédition de l'Atlas, conduite en 1830 par le maréchal Clauzel et par le mameluk Yousouf, ce d'Artagnan algérien dont j'ai raconté déjà les romanesques aventures. Aujourd'hui, la Mitidja bien arrosée, bien cultivée, est le grenier d'abondance de l'Algérie.

Les anciens voyageurs ont remarqué que souvent il s'y formait des brouillards que le soleil faisait fondre peu à peu. Nous sommes témoins de cet effet naturel. Sous les rayons de l'astre puissant qui commence sa course, la brume assez épaisse qui baignait la campagne se dissipe, s'évapore et se répand enfin sur le sol en une bienfaisante rosée.

Noyé d'abord dans des masses d'ombre, le paysage se dégage peu à peu de ses voiles, s'éclaire et resplendit. Nous avons l'impression de ces couches de mousseline superposées qui, dans les féeries du Châtelet, se lèvent lentement l'une après l'autre et laissent apercevoir l'apothéose de la toile de fond : un palais merveilleux ou un jardin enchanté qu'inondent des torrents de lumière électrique.

Maintenant la chaîne des monts de l'Atlas, presque parallèle à la mer, se profile dans la brume qui achève de se dissiper. La légende mythologique y associe le souvenir d'Hercule. A nous, Français, le moyen et le petit Atlas rappellent les aventureuses et brillantes campagnes des zouaves et des chasseurs d'Afrique, soldats valeureux qui versèrent glorieusement leur sang pour cimenter la conquête. Le passage du col de Tenia est l'un des plus mémorables épisodes de l'expédition de l'Atlas. Que de brillants faits d'armes ! La prise de Blidah, la capture du subtil bey de Tittery et la soumission de cette tribu des Beni-Salah, devenus nos alliés après avoir été nos irréconciliables ennemis.

L'Atlas était autrefois peuplé de lions que l'on entendait rugir de plusieurs lieues à la ronde. Trop souvent poussés par le *struggle for life*, ils descendaient de la montagne en troupe nombreuse pour enlever audacieusement, sous les yeux des pâtres effrayés, plusieurs moutons de leurs troupeaux.

Que les temps sont changés! comme disait Abner dans *Athalie* : le noble animal n'a pas résisté aux progrès de la civilisation qui dévastait les forêts où il régnait en souverain. Il a disparu pour toujours des environs d'Alger et même de toute l'Algérie, ne se souciant pas de servir de cible à la sanguinaire frénésie des chasseurs, ni d'exhibition dans les cages à barreaux des ménageries ambulantes.

— Mais, non, le roi des animaux, dit l'un de nous en plaisantant, a fui devant les plaisanteries de Tartarin. Il est devenu la proie des caricaturistes et l'un d'eux a représenté le dernier lion de l'Atlas, abattu, vieilli, impotent suivant, comme un caniche en laisse, un arabe monté sur un chameau pacifique.

Sans examiner plus longtemps comme dit Boileau :

...Si vers les antres sourds

le lion a peur du passant, ou le passant du lion, nous ouvrons les journaux de Paris et d'Alger pour y jeter un coup d'œil. Ce sont, comme toujours, les crimes qui dominent. L'humanité se civilise, mais ne s'améliore pas.

Nous faisons ensuite un examen sérieux de la question financière. Il s'agit de savoir comment fonctionnera notre future comptabilité. Il faut que tout se passe avec une régularité officielle dans le cours de notre voyage Choisissons un distributeur de nos deniers, un trésorier-payeur général.

Aux voix ! M. Paul de Cazeneuve les réunit toutes — moins la sienne. Il est nommé à l'unanimité ! Il sera chargé, pendant tout le voyage, de tenir la caisse et de faire la répartition des frais incombant à chacun, mais il est dispensé du rapport final du budget général des recettes et des dépenses.

En règle avec la vie pratique, nous avons la tranquillité d'esprit voulue pour admirer les charmes de la nature. Voici Rouïba, le centre viticole de la Mitidja ! Voilà Réghaïa avec ses abondantes norias et plus loin les gorges pittoresques de Palestro, baignées par les eaux de l'Isser et dominées par le pic élevé du Tigremont des Beni-Kalfoun. Palestro ! Souvenir douloureux de l'insurrection terrible de 1871, dirigée par le chevaleresque Mokrani, qui paya de sa vie sa téméraire entreprise.

Nous sommes en pleine Kabylie. J'ai décrit ailleurs ce pays, que les sites et les mœurs de ses habitants, les anciens et fiers Numides, rendent si curieux à visiter. De la portière du wagon, le contraste est saisissant entre le sommet des montagnes couvertes de neige et la plaine du Hamza qui s'étend, brûlée par les ardeurs du soleil.

Déjeuner à Bordj-Bouïra, le fort du petit puits. Très copieux dans sa simplicité, mais très court dans sa durée. Suivant l'usage, les vingt-cinq minutes d'arrêt en durent quinze. Sur le cadran des gares, à l'heure des repas, les aiguilles marchent plus vite que sur celui de la montre des voyageurs.

En voiture ! Nous sommes bientôt

aux Beni-Mansour, en face de l'écheveau embrouillé des hauts massifs et des derniers contreforts du Djurjura. Puis nous filons à petite vitesse le long de la rive droite de l'oued Sahel, un cours d'eau à moitié desséché l'été et transformé l'hiver en torrent impétueux qui descend de l'Atlas pour fertiliser la plaine.

Plus de villages kabyles perchés comme des nids d'aigles sur le sommet des montagnes ! Plus de koubas bombés renfermant les restes des marabouts vénérés ! Plus de troupeaux se groupant autour des oliviers grisâtres ! Plus de pâtres se reposant sous les figuiers qui couvrent des collines ! Plus de petites kabyles en haillons rouges avec des boucles d'oreille d'argent tranchant sur leurs figures bronzées ! Plus de femmes qui regardent avec étonnement, telles les paysannes des centres perdus de la Bretagne, passer, comme un fantôme noir, le train rapide qui nous emporte.

La température monte. Je me souviens d'une précaution en usage dans les pays chauds afin d'éviter l'insolation. J'engage mes amis à humecter de salive le lobe de l'oreille pour avoir par l'évaporation une sensation de fraîcheur qui caresse ensuite comme un coup d'éventail.

Les gares se suivent et se ressemblent. Le paysage devient monotone et sans intérêt. Du reste, quand on voit trop et trop vite, on finit par ne plus rien voir. Les panoramas défilent aux portières des wagons comme des silhouettes de cinématographes. A cheval ou dans une voiture, il est facile de mettre pied à terre pour contempler le paysage et en apprécier l'attrait. Le chemin de fer donne la boulimie du pittoresque.

Mais la scène change. Devant nous se dressent les Bibans ou *Portes de Fer* — un nom formidable emprunté sans doute aux défilés des Balkans dans la Hongrie ou aux derniers contreforts du Caucase qui virent jadis des luttes héroïques que raconte l'histoire. Les Portes de Fer algériennes, elles aussi, sont des passages formés de tranches verticales de rochers noirs. Elles resteront célèbres dans l'histoire africaine. Jamais sous les Beys, les soldats de la Sublime Porte ne purent les franchir sans payer tribut. Le maréchal Vallée fut plus heureux que les Turcs. Le 30 octobre 1839, à la tête de ses soldats, il traversa ces gorges rocheuses dont l'étroit couloir aboutit à la ville de Mansoura.

Le journal de l'Expédition des Portes de Fer parut en 1844. Quel beau livre destiné à perpétuer le souvenir du glorieux fait d'armes ! Il fut écrit sur les notes du duc d'Orléans par Charles Nodier, surpris par la mort au milieu d'une phrase commencée. Il coûta plus de cent mille francs et fut illustré par Decamps et surtout par Raffet, à l'apogée de son talent, avec le concours des meilleurs graveurs de l'époque. Destiné seulement à quelques privilégiés, aux officiers de l'Expédition, aux membres de la famille royale, ce volume fait aujourd'hui la plus grande joie des rares bibliophiles qui le possèdent.

C'est par la plus petite porte que passa l'armée française.

Le train s'engouffre dans la grande gorge où coule l'Oued-Mekhlou et, franchit rapidement de nombreux viaducs. Combien tristes sont, après, les aspects que nous avons sous les yeux ! Les montagnes sont livides et dénudées. Ça et là, près de nous, au premier plan, poussent des touffes de lentisques. De place en place, des sapins élèvent leurs panaches d'un vert sombre.

Enfin, après un long tunnel et quelques kilomètres, nous arrivons à Bordj-Bou-Arreridj qui a conservé son nom arabe et qui occupe le centre de la Medjana. Nous devons y faire notre première halte.

L'arrivée est la même en Algérie qu'en France et partout ailleurs. Toutes les gares se ressemblent. Toujours les mêmes formalités ; réclamation de bagages, entassement des voyageurs dans un omnibus, installation plus ou moins confortable de ceux-ci dans un hôtel. Le nôtre est un édifice qui n'a rien d'arabe ; il s'appelle comme bien d'autres du nom banal et classique d'*Hôtel des Touristes*.

A la descente de voiture apparaît

un gérant à la mine accueillante. Après la traditionnelle enquête des prix, on nous conduit au premier étage, à nos chambres, où bientôt nous rejoignent nos colis.

Des ablutions prolongées nous ayant débarrassé de la poussière de la route, nous allons flaner en zigzag dans la ville. Cependant notre première visite est pour le receveur des Contributions, M. Alem. Il a reçu de M. de Cazeneuve une lettre le priant de retenir à notre intention le meilleur véhicule du pays pour notre traversée du désert.

M. Alem demeure au centre même de la ville. C'est un aimable homme, l'obligeance même. Il nous mène chez le loueur de voitures: rien des grandes remises parisiennes. Le char qu'on nous propose ne ressemble pas davantage au quadrige romain. On dirait d'une diligence qui aurait beaucoup maigri. La forme est celle d'une caisse d'emballage grossièrement montée sur quatre roues.

Cette boîte roulante, recouverte de

toile, a deux sièges se faisant vis-à-vis et si rapprochés qu'ils mettent les genoux en contact perpétuel avec les banquettes. Pourrons-nous jamais couvrir ainsi, sans machures et sans bosses, les 130 kilomètres qui nous séparent de Bou-Saada ?

L'ancien coche était un modèle d'élégance et de confort auprès de cette vieille « bagnole » qui rappelle aussi un jouet d'enfant démodé oublié au fond de quelque grenier. Il est permis de douter que cette caisse carrée arrive au terme du voyage ou, du moins, que nous y arrivions avec elle.

Quand on n'a pas ce que l'on aime, dit le proverbe, il faut aimer ce que l'on a. Aussi la prendrons-nous cependant faute de mieux, mais nous abrègerons notre séjour pénible dans ce *carcere duro* dont les cahots nous effrayent : nous nous rendrons par la diligence publique à M'sila où elle nous rejoindra. S'il faut souffrir, nous réduirons ainsi le nombre d'heures de nos tortures.

Bordj, que nous visitons ensuite, ne nous offre rien de bien intéressant comme pittoresque et comme monuments. C'est une ville moderne, créée en 1841, par le général Négrier, premier du nom, un brave soldat, blessé cinq fois à Waterloo, devenu lieutenant-général et qu'une balle française tua à la prise d'une barricade pendant les terribles journées de Juin.

Partout des rues coupées à angle droit où s'alignent des magasins tenus par des Européens. Au milieu de la ville, une fontaine arabe avec des arcs mauresques, très purs de lignes. Pour rappeler que les habitants, soutenus par une poignée de soldats, défendirent, en 1871, avec courage, Bordj contre l'insurrection kabyle, une petite pyramide de marbre blanc a été érigée au pied du fortin avec les noms des victimes.

Pas de boutiques indigènes dans lesquelles nous puissions trouver des souvenirs locaux à rapporter. Faute de mieux, j'achète, chez le bijoutier Arouze, deux grands m'charef, ces gigantesques boucles d'oreilles en argent formées d'un fil tordu en cercle, ornées à l'intérieur de dents de scie et fabriquées dans le pays pour la plus grande joie des femmes de Beni-Abbès.

Nous sortons de la ville par un chemin poussiéreux afin de nous rendre au marché, qui présente beaucoup d'animation. Les marchés arabes sont typiques ; on y prend sur le vif, avec des instantanés, les mœurs de la contrée.

Le marché s'étend sur une vaste esplanade. Il est encombré de mendiants aux pieds nus, aux jambes maigres comme des pattes d'autruche et de kaouaji solennels installés en plein vent, servant gravement le breuvage brûlant dans de petites tasses de porcelaine. Puis ce sont des marchands de toute sorte, installés devant leur étalage à terre. Les uns vendent des dattes agglutinées ou des étoffes éclatantes, d'autres des couffins grossiers et des sacs de blé mal attachés et crevant sous la pression du contenu.

C'est une grande symphonie en blanc majeur de moutons, de chevaux, de gandouras, de burnous, de serroual, de fantômes et de chameaux aux lèvres lippues, avec toute la gamme des gris

ternes et sales qui se puissent imaginer.

L'heure du repas de l'hôtel est arrivée. Pour trois francs le dîner, vin compris, on fait ici un repas plantureux. Les petites villes de l'Algérie, plus encore que celles de France, ont gardé la tradition des prix du bon vieux temps. Elles ignorent Maxim's, Paillard, Voisin et leurs additions fantastiques.

Dîner copieux, des plats à profusion, sans aucun raffinement culinaire : du bœuf succulent, des poulets étiques, du vin maussade, des oranges parfumées. Dans la salle à manger, des pensionnaires un peu déprimés par un séjour trop prolongé à Bordj. Aucune conversation n'est possible avec eux; ils dînent, absorbés, le nez dans leur assiette.

La nuit vient. Nous devons une visite de remerciement à l'aimable M. Alem, qui se révèle à moi comme un confrère passionné. Il collectionne les armes arabes d'hast et de jet. Il a des fusils kabyles aux longs canons rubannés, avec capucines d'argent et la petite crosse de bois conservant des traces d'incrustations. Bien rares, aujourd'hui, ces fusils que possédaient les réguliers d'Abd el-Kader, et leur heureux propriétaire ne me surprend pas en me disant qu'on lui a offert cinq cents francs de l'un d'eux dont la monture est couverte de corail.

Mais son musée d'armes renferme bien d'autres richesses trouvées dans la région : des sabres du Directoire à la garde carrée, des yatagans à la lame recourbée portant comme marque le soleil de Louis XIV, des hallebardes à la hampe cloutée de cuivre qui datent de la campagne africaine de Charles-Quint. Puis, accrochés dans des panoplies, des épées de cour, fines et légères à la poignée d'argent, des tromblons espagnols au large pavillon « s'ouvrant comme des cratères » a dit Victor Hugo dans ses *Orientales*. Et encore, disposées en faisceaux, des lances de fer savamment barbelées par les Touaregs afin de déchirer les chairs en s'y enfonçant et d'agrandir la plaie en les retirant brusquement. Les nomades du Sahara, guerriers intrépides autant que cruels, manient ces armes avec une grande adresse et, s'en servant comme de javelots, ils savent les lancer à une grande distance.

A dix heures nous quittions M. Alem et son intéressante collection pour regagner l'hôtel par des rues absolument désertes. Tout est clos, Bordj dort.

C'est après le souper le premier bien du monde,

a dit Alfred de Musset.

On se croirait chez nous, dans la petite province, avec son éclairage de réverbères espacés de loin en loin. A quoi peuvent rêver ces paisibles habitants. A l'amour? Beaucoup peut-être : n'est-ce pas le bonheur le plus grand de la vie ?

Notre hôtel est endormi comme tout le reste. Il me faut soulever à plusieurs reprises et fortement le marteau de la porte pour nous faire ouvrir, à M. de Cazeneuve et à moi, par un garçon qui nous conduit en bâillant à nos chambres.

Très propre, la mienne avec son lit de fer. Je me couche et je ferme les yeux. Je dormais déjà, mais pas comme un sourd, quand des cris me réveillent. Qu'y a-t-il ? On se dispute dans la chambre voisine. C'est un ménage vrai ou faux, en pleine lune rousse.

Le mari rosse sa femme, comme Polichinelle le commissaire. C'est peut-être la femme de Sganarelle qui veut être battue. Mais ce n'est ni l'heure, ni le lieu. Je frappe à la cloison.

— Que diable ! laissez dormir en paix les voyageurs !

Le bruit s'arrête un moment pour reprendre de plus belle. Comme je ne veux pas m'exposer à m'entendre dire par la Martine d'à-côté :

— De quoi vous mêlez-vous ?

Je n'interviendrai plus. Je laisserai désormais se battre en paix les parties belligérantes.

Qu'ils s'arrangent après tout ! Entre l'arbre et l'écorce il ne faut pas mettre le doigt. Ils s'embrasseront peut-être bientôt ! Après ces réflexions de philosophe je laisse le sommeil me gagner de nouveau. Je me rendors, sans effort, pendant que le bruit de la dispute persiste. Je continue à l'entendre en rêvant, elle finit par ne plus être qu'un de ces sons vagues et lointains, qui s'éteint peu à peu comme dans les *Djins* de Victor Hugo.

II

DE BORDJ A M'SILA

18 avril.

5 *heures du matin.* — La toilette est vite faite, même pour les dames qui la prolongent d'ailleurs si longtemps — et toujours avec plaisir.

Nous sortons de l'hôtel. Sous la porte cochère, tous les pauvres de la ville, prévenus de notre départ, se sont donné rendez-vous. Tous, plus ou moins estropiés, avec des jambes cagneuses, des bras ankylosés et des vêtements qui brûleraient comme de l'amadou. L'un d'eux est drapé d'une couverture faite de trous, dans laquelle il marche, il dort sans doute et sera plus tard enterré. Il est aveugle. Son geste et sa bouche ne parlent pas. Un chien guide ses pas. Le caniche implore de son regard fixé sur moi ; ses yeux demandent pour son maître.

Dans un premier mouvement, je ne donne rien, j'écarte tous les mendiants et je les repousse brusquement, mais je suis pris de regret. Peut-être cela me porterait-il malheur, je me retourne. La main du pauvre vieux sort de son burnous, j'y mets quelques sous ; il reste impassible et se borne à me remercier d'un mouvement de tête. Son fidèle compagnon a compris ; il agite sa queue pour me témoigner sa reconnaissance.

Clic ! clac ! le coup de fouet du conducteur décrit un huit, comme un paraphe de maître d'écriture. Nous roulons. En quelques tours de roue nous sortons de l'enceinte fortifiée de Bordj-Bou-Areridj dans une lourde diligence pesant plus de cinq mille kilogs, traînée par cinq chevaux blancs dont deux brancardiers et trois postiers. Il faut bien le dire, notre attelage n'a pas plus de ressemblance avec les purs sangs que le jour avec la nuit.

Je songe à mon enfance. Je vins

ainsi de Calais à Nantes en traversant toute la France. J'évoque ces voyages d'autrefois dans la patache propice à l'intimité et chère aux amateurs de pittoresque. Pas de tunnels lugubres, pas de ligne plane, mais des côtes, des descentes, puis des circuits pour contourner les montagnes ou des lacets pour les gravir. Aujourd'hui, on ne voyage plus, on arrive — quand on n'est pas victime d'une terrible catastrophe !

Elle avait du bon la vieille diligence, avec, pour les bagages, sa bâche soutenue par des cerceaux, son impériale au rideau de cuir et aux banquettes de bois, son coupé sans vis-à-vis et creusé en sabot, son intérieur s'ouvrant des deux côtés, sa rotonde où se balançaient les cartons à chapeaux. Les prévoyants retenaient à l'avance dans leurs compartiments un bon coin pour dormir.

Quand on avait pris congé de ses parents et de ses amis qui vous voyaient partir avec l'émotion que Boilly a su si bien peindre sur les visages de son

Départ de la diligence, on pouvait se donner l'illusion d'un long voyage. On avait la satisfaction de traverser des petits pays aux noms inconnus aujourd'hui, de changer de chevaux aux relais de cinq lieues et de faire de plantureux repas dans de bonnes auberges sous la présidence du conducteur. Ah ! ce conducteur ! un personnage et une autorité ! Les maris lui confiaient leurs femmes, les mères lui recommandaient leurs filles et, durant le trajet, les voyageurs lui offraient le café et le petit verre. Il était chargé de la police, détenait la feuille de route, manœuvrait la mécanique, mettait le sabot d'enrayage et devait pouvoir, au besoin, remplacer le cocher. Que tout cela est déjà loin de nous !

L'antique et solennelle diligence qui nous emporte remonte à cette époque reculée ; c'est une vieille « Laffite et Gaillard » à caisse jaune qui date d'un demi-siècle et n'a pas encore été admise à faire valoir ses droits à la retraite.

Le soleil est déjà haut sur l'horizon. Je me suis réfugié dans les flancs ténébreux du coupé pour m'abriter contre ses rayons brûlants. Mes compagnons se sont huchés sur l'impériale pour mieux voir le paysage.

Nous croisons des groupes d'Arabes à cheval qui vont aux approvisionnements, des maraîchers qui voiturent à dos de mulet des couffins d'où débordent tous les légumes de la contrée, carottes rubicondes, navets blafards, choux rabougris et petites pommes de terre jaunes ou rosées.

Tout d'abord, la grande voie de communication de Bordj à M'sila est bordée de chaque côté de terres labourées. La route, entretenue avec soin et bien empierrée par le procédé qu'inventa Mac-Adam, vaut mieux que les chaussées pavées des Romains ou dallées du moyen âge. La diligence roule comme une bille lancée avec énergie sur le tapis d'un billard.

Pas un arbre aussi loin que porte la vue. C'est la plaine immense dans sa monotonie qui lasse le regard. La lumière est belle, mais l'azur est bien uniforme! C'est trop monochrome pour un coloriste. Cependant, au fond, bordant l'horizon, perdue dans un lointain bleuâtre, surgit bientôt la

silhouette déchiquetée des montagnes de l'Atlas dépendant de l'ancien Kalifat de la Medjama.

Mince distraction! de loin en loin des cantonniers aux bras noueux, aux vêtements sordides, coiffés d'une chéchia, cassent des pierres. De temps à autre, passent des Arabes conduisant des troupeaux de moutons placides à la toison marquée de rouge et qui se resserrent pour laisser place à notre lourd véhicule.

Les pauvres, sans se douter de leur triste sort, ils vont vers l'abattoir afin d'être exterminés, détaillés et servis plus tard sous les espèces de gigots à l'ail, de côtelettes en papillottes ou de succulents ragoûts. Le mouton ! que de pages il a fait noircir avec sa clavelisation ! C'est la richesse des hauts plateaux. Le grand chef des bergeries, mon ami, M. Couput, un algérien de vieille date, est à la tête de leur inspection générale. C'est un haut, utile et intelligent fonctionnaire.

Voici maintenant un campement arabe où des chameaux, huchés sur leurs longues échasses, allongent leur long cou pour brouter des herbes sèches. Les nomades, ces rois du désert, sans patrie, sans toits, en dehors de toute civilisation ont, pour quelque temps, créé un petit village. Ils me rappellent les pasteurs de l'Ecriture. Comme il faut peu de chose pour vivre ! Une prairie, de l'ombre, une fontaine ou un cours d'eau et la faculté de se réchauffer au soleil qui luit gratuitement pour tout le monde. Ces voyageurs insouciants sont, après tout, peut-être plus heureux que les citadins, avec leur luxe et leur état civil. En perfectionnant la vie, les besoins factices du confortable se sont multipliés. La lutte pour l'existence est devenue plus âpre, la conscience a fléchi, les mauvais instincts se sont développés. La somme de bonheur est-elle plus grande? Je crois que les philosophes en doutent.

Pendant mes réflexions, les femmes sortent de leurs tentes pour nous regarder passer. Du blanc sale, du rouge fané : tels sont les tons dominants des costumes. Sur le corps, des haillons. Sur la tête, la lourde coiffure des Ouled-Naïls en forme de tourte. La bouche s'ouvre édentée au milieu de la figure parcheminée. Le long de leur visage descendent de grosses nattes de cheveux noirs où brillent de grandes boucles d'oreilles d'argent.

Mais cette impression fuit comme une vision rapide. A cette époque, les nomades émigrent. C'est maintenant une caravane, cheminant en longue file; chassée par les chaleurs, elle vient du sud, courant devant elle à

l'aventure pour rencontrer un meilleur climat et de nouvelles ressources.

A sa tête, l'âne de la Fuite en Egypte, un âne minuscule portant dans son bât la basse-cour, sert de chef de file. Quelques chiens sales, aux oreilles courtes, trottent après. Puis s'avancent lentement des chameaux balançant leur long cou et leur tête prétentieuse, les uns chargés des tentes et de leurs piquets, les autres des marmites à couscouss et d'autres, des sacs de blé et de la provision de bois ; quelques-uns enfin, couverts de peaux de moutons, ont leurs conducteurs montés en amazone suivis de

piétons qui les remplacent à tour de rôle.

Viennent ensuite les chefs sans doute, car il en faut partout, quelques privilégiés à coup sûr, à cheval, les pieds dans les coins des teillis qui servent la nuit de couverture à leur bête, tandis que les plus vieux de la théorie vont à pied, le bâton à la main, bronzés par le soleil, maigris par l'abstinence, les pieds nus, la barbe blanche, le corps enveloppé de guenilles. Près d'eux les femmes avachies, vieillies avant l'âge, le cou ridé comme la peau d'un dindon, portent les enfants grimpés sur leur dos.

A une halte apparaît le facteur de la contrée. Ne croyez pas qu'il chemine péniblement sur la route poudreuse et ensoleillée. Il s'abrite sous la capote de toile d'un cabriolet. Disparue en ces régions désertes, la tradition du facteur rural, solide, debout avant le chant du coq, faisant d'un pas agile des parcours interminables, la boîte en sautoir, débordant de lettres et d'imprimés. Disparu le facteur recommençant chaque jour, sans récriminer jamais, qu'il pleuve, qu'il neige ou qu'il vente, sa marche de Juif errant. Détruite la légende, au moins pour l'Algérie où les porteurs de nouvelles, évitant les coups de soleil, font leur service en voiture comme les plus favorisés de tous nos budgétivores.

L'aspect de la route change brusquement. Nous côtoyons maintenant l'oued Zitoun qui coule en cascade entre deux rives ombragées d'arbres malingres et rabougris. A perte de vue, sur les pentes des derniers contreforts de Maadi se dressent, comme des taupinières, les tentes des nomades; on dirait d'un camp de soldats en campagne. Puis, devant nous, une large échancrure, semblable à une porte, crève la montagne dont nous gravissons lestement les pentes au petit trot de nos chevaux, sans que le conducteur songe à les mettre au pas pour leur permettre de souffler et de reprendre haleine.

9 *heures.* — Sur la route, un réservoir rempli par l'eau qui coule de la montagne. Dans ce petit bassin des blanchisseurs lavent leur linge sale en famille et le pétrissent avec leurs pieds, comme les vendangeurs chez nous foulaient jadis le raisin au pressoir. Ce sont des battoirs qui en valent bien d'autres et le procédé n'est-il pas, après tout, plus expéditif? En tous cas, il dispense du savon.

La montagne grisâtre que nous longeons est privée de toute végétation ; quelques touffes de hautes herbes poussent ça et là. J'ignore le nom de ce coin dénudé. Le conducteur aussi, peut-être. Il doit être comme ce gardien du Louvre qui se promenait depuis plusieurs mois à côté de la salle des tableaux de l'Ecole anglaise et ne

put jamais m'indiquer où elle se trouvait.

Des voyageurs, dans un grand breack, passent près de nous au milieu d'un tourbillon de poussière. Ils nous saluent et nous crient :

— L'hôtel du Sud à Bou-Saada !

La réclame qu'ils nous font n'est pas pour nous déplaire. Elle ne peut être que l'expression de la reconnaissance de leur estomac. Ils doivent être plus sincères que les hommes sandwichs : aussi je note sur mon carnet l'hôtel ainsi recommandé.

11 *heures.* — Nous nous arrêtons à un casse-croûte, comme on dit en Algérie. Cette petite auberge où l'on donne plus à boire qu'à manger et où on ne loge ni à pied ni à cheval, est tenue par Mme Charles qui, aidée de sa nièce Marie, doit nous servir à déjeuner. Toutes les deux, fort avenantes, nous accueillent à merveille.

Assez médiocre d'aspect la posada africaine; mais nous ne sommes pas ici au Café de Paris, sur l'avenue de l'Opéra. Aussi nous faisons comme Don Quichotte qui prenait les auberges pour des châteaux et les maritornes pour des duchesses.

Nous nous installons en plein air, sous une tente. Décor rustique; une table et des bancs de bois. Autour de nous, toute une basse-cour en liberté. Des poules picorent, des chats s'étirent au soleil. Longs, maigres, faméliques, des chiens kabyles rôdent dans les environs,

On ouvre le panier de provisions préparé à Bordj par les soins du conducteur. Il a sagement prévu la pénurie d'approvisionnements de Mme Charles et il a tout apporté : des œufs durs, des côtelettes et même, pour les dames qui aiment les douceurs, un entremets à la crème sur lequel flottent des biscuits de Reims.

L'eau du cru provoque chez nous, non de l'enthousiasme, mais une certaine défiance. Pour exterminer les microbes qu'elle pourrait renfermer, véhicules dangereux de bien des maladies, nous la faisons, par prudence, bouillir, puis refroidir dans une gargoulette espagnole que nous recouvrons d'un linge mouillé pour l'exposer ensuite au soleil. L'évaporation ainsi produite abaisse promptement la température. L'eau de l'alcarazas devra ainsi, sans danger, couler à pleins bords dans nos verres d'abord et dans nos gosiers altérés ensuite.

Impossible de se plaindre : une nappe, des serviettes, des couteaux, des cuillers de fer, le conducteur a, comme le reste, apporté de Bordj ces ustensiles indispensables aux Européens, sachant par expérience que l'auberge, très primitive d'installation, manquait du strict nécessaire comme matériel.

Pour finir le repas, un luxe fort apprécié en Afrique : du café, assez maussade d'ailleurs ; de la lavasse, diraient les Bretons. Sans rien exagérer, il ne ressemble en rien au moka hygiénique où l'on peut

Boire dans chaque goutte un rayon de soleil,

La photographie va nous servir d'intermède.

Vite le Kodak pour un instantané ! Ma nièce le braque sur la diligence dételée qui est restée sur la route et que les voyageurs arabes exempts de curiosité, passionnés au contraire d'immobilité et peut-être sans argent, n'ont pas quitté pendant notre halte d'une heure.

Il ne nous reste plus comme digestif qu'à pousser par trois fois le ban arabe : Allah ! Chouia ! Barka ! suivi de plusieurs You ! You ! You ! bien stridents.

Ce dernier cri n'a rien d'Anglais, malgré l'apparence : c'est celui qui s'échappe en coup de sifflet des lèvres des femmes arabes dans toutes leurs fêtes.

Il ne faut pas s'oublier dans les délices de Capoue, car il nous reste de la route à faire. « Sursum corda ! » Et quittant l'hôtelière qui, contrairement

aux traditions reçues, ne nous écorche pas trop pour des gens de passage, nous remontons dans la voiture à laquelle le conducteur vient d'ateler cinq chevaux frais, pris à l'écurie du relai de Mzéma.

Mes compagnons regagnent leur place préférée sur la banquette d'en haut; un Mozabite s'est emparé de ma place, je proteste, il descend et je me hisse de nouveau seul dans le coupé où je m'installe pour une sieste légère.

4.

Mon intelligence succombe vite sous le sommeil. La vie animale reprend le dessus. Je dors l'espace de deux lieues. Quand je rentre en possession de moi-même, la route serpente en long ruban autour d'une oued avec, çà et là, de l'autre côté, de petits monticules de terre parsemés de grosses pierres. Parfois, ces rochers bien alignés ressemblent à des pans de murailles, tant ils sont régulièrement bien posés.

Au milieu d'un ciel gris bleu, sans aucun nuage,

Le soleil sur le sommet aride
Répand à flots plombés sa lumière livide,

et darde ses rayons dorés sur les champs d'orge. C'est bien le roi des étés qu'a décrit Leconte de Lisle.

Et toujours sur la route qui se déploie en ligne droite, des files de chameaux à l'air béat, au nez camard, aux gros yeux à fleur de tête, que suivent des cavaliers berbères, coiffés de gigantesques et multicolores chapeaux de paille. Ils chassent devant eux des troupeaux de chèvres sautillantes, de moutons dociles, d'agneaux niais et de béliers aux cornes noires.

La soif me dévore. Comme je boirais bien avec plaisir une tasse de lait bourru ! Mais la diligence marche toujours comme un train qui glisse sur des rails. Je me console en me souvenant d'une aventure qui m'arriva en Italie, près de Sorrente. Je m'étais arrêté dans une mauvaise albergo pour demander une tasse de lait. La servante m'apporta un bol. Je regarde avec étonnement son contenu :

— Mais c'est de l'eau claire que vous me donnez-là.

Et la servante me répondit sans s'émouvoir :

— Tiens, c'est vrai ! on a oublié de mettre le lait.

1 *heure* 1/2. — J'avais souvent entendu parler du mirage. Un effet de ce genre vient de se produire. A l'horizon, on dirait d'une nappe d'eau très blanche, véritable lac de vif argent surmonté d'un nuage de vapeur. J'éprouve quelque déception. Ce n'est

que cela ! Encore une fiction chère aux poètes dont la réalité ne me laisse aucune impression nouvelle. Peut-être n'est-ce pas un mirage sérieux? Nous le verrons bien en traversant le désert.

2 *heures.* — Une large tache blanche se dessine devant nous. C'est M'sila, l'oasis des abricotiers et de tous les arbres fruitiers d'Algérie.

Un ruisseau aux doux gazouillements court maintenant à gauche de la route toute bordée de mûriers, de platanes, d'acacias, de peupliers et de chênes-liège. C'est plutôt une longue allée plantée d'arbres aux essences les plus variées. Dès leur arrivée, M'sila a voulu montrer à ses visiteurs la fécondité de son sol si finement arrosé. Elle a mis un juste orgueil et un soin tout particulier à encadrer l'entrée chez elle d'une route bordée d'arcs de triomphe faits de branches verdoyantes.

Déjà à l'horizon apparaît la Kouba principale avec son dôme hémisphérique sous lequel est enterré un marabout célèbre.

Nous entrons dans la ville.

III

M'SILA

Ici la narration de mon voyage serait incomplète sans quelque mots d'histoire sur les origines de M'sila, bien que cette ancienne cité ait été mieux décrite que je ne saurais le faire par la plume élégante de M. de Galland dans un artistique album, illustré par le sympathique et érudit architecte Guiauchain. — Je m'aiderai aussi des travaux historiques du commandant Rinn et des indications géographiques données par Louis Piesse, dans la collection des guides de feu Adolphe Joanne. Que les lecteurs m'excusent si j'ai pu commettre quelques erreurs.

Vers l'an 313 de l'hégyre, 925 de notre ère environ, dans l'une de ses courses vagabondes, le fatimite Abou Kacem Ismaïl ben Obeid Allah arrêta la marche de sa caravane au bord d'une rivière dont l'eau coulait en abondance. Las de sa vie errante, charmé par le site pittoresque, il résolut d'y faire désormais sa résidence. Sitôt dit, sitôt fait, il monta sur son cheval et le mit au galop, puis de la pointe de sa lance, mordant le sol, il traça un cercle immense. Ce fut l'enceinte de la cité qu'il résolut de fonder aux confins du désert.

Telle est la tradition, je l'accepte volontiers, car je ne vois aucune raison pour mettre en doute les origines légendaires de l'oasis de M'sila.

Nommée d'abord la Mohammedia, la ville nouvelle fut appelée plus tard du nom poétique et doux de M'sila, la cité où l'eau coule en abondance du verbe Icil Elma-icil. « L'eau a coulé », dit le dictionnaire de Bel Kassem.

Bâtie et fortifiée par Ali ben Hamdaum el Djodhâmi, plus connu sous le nom de « Fils de l'Andalouse » elle grandit rapidement, mais dut bientôt, en provoquant la haine et l'envie, subir les vicissitudes des cités prospères. Des conquérants l'assiégèrent et la détruisirent en 1050. Touchés par les malheurs de la guerre, les habitants sans abri durent s'éloigner et camper à quelque distance, mais ils ne perdirent jamais l'espoir de rentrer un jour dans leurs foyers. Cette idée se perpétua, s'enracina et au XIIIe siècle sous la direction du marabout Bou Djemlin (l'homme aux deux chameaux) la cité détruite se releva de ses ruines. Elle eut alors un marabout célèbre Sidi Hamla, maître des éléments et pouvant parcourir de grandes distances comme s'il avait des ailes.

Cependant les tribulations de M'sila continuèrent. La métropole, entourée de murailles, de fossés et qui se croyait imprenable, fut plusieurs fois encore, du XIVe au XVe siècle, saccagée par les Arabes.

En 1510, lors de la prise de Bougie,

les Turcs n'épargnèrent pas M'sila sans défense. Ils massacrèrent les hommes sans pitié et s'emparèrent des femmes, usant avec elles du droit du seigneur et des prérogatives du vainqueur.

En 1824, le bach-agha Omar, d'Alger, chargé de réprimer la révolte de Bou-Saada, usa d'un procédé oriental pour se débarrasser à M'sila de son allié Constantin Naâman, le bey venu de Constantine rejoindre son armée. Il le fit étrangler sous sa tente pour mettre à sa place son favori Tchakeur.

En 1841, le général Négrier, après une résistance opiniâtre, délogea Mustapha, beau-frère d'Abd el Kader et l'un de ses lieutenants qui s'y étaient réfugiés.

Enfin, en 1845, le général Bedeau rétablit à M'sila l'autorité des Mokrani, les potentats héréditaires de la région, et un an plus tard confia le poste important du Kalifat du Hodna à Si Ahmed ben Mokrani.

Depuis l'insurrection de 1871, dirigée par le caïd Saïd ben Bou Daoud, caïd du Hodna et oncle du bach agha

Mokrani, M'sila paraît déchue de son antique splendeur.

L'oued Ksob, la rivière des roseaux, prend sa source dans la montagne de Maadid, et coule au milieu de la cité dont les deux rives sont reliées par un pont en fer de quarante mètres de portée. D'un côté, sur la rive droite, se trouve le groupement de 120 Français et d'une centaine d'Israélites naturalisés, entre deux quartiers indigènes El-Argoub et El-Kouch. De l'autre, sur la rive gauche, quatre sections composent la cité arabe peuplée d'environ quatre mille habitants : Chettaoua, Djafra, Ras-el-Hara et Kerbat Tellis. Telle est la topographie de la ville. Elle n'est pas comme Bordj-Bou-Arreridj, que l'on peut parcourir en un quart d'heure, et mérite de la part des voyageurs une plus longue visite.

La diligence nous débarque sur la grande place, devant un café avec une terrasse ombragée de grands mûriers, sous lesquels quelques consommateurs dégustent lentement leurs Pernods.

C'est le meilleur gîte de l'endroit, mais, comme dans les antiques hôtelleries de province, que dépeint si bien Anatole France, à l'auvent ne grince pas l'enseigne traditionnelle : à *l'Ecu de France*, au *Grand Pelican*, au *Lion d'or* ou au *Cheval blanc*, avec la légende : *on loge à pied et à cheval.* L'aubergiste accourt à notre rencontre, il ne paraît pas comme tant d'autres avoir l'horreur des voyageurs. Il nous conduit dans un corps de bâtiment où, sur un long couloir, se distribuent les modestes chambres des voyageurs. Aucun raffinement dans ce refuge, aucun luxe inutile. Mobilier sommaire, lits en cuivre, ni gaz, ni électricité, et, en guise de Doulton, une pierre plate vaguement perforée au centre.

A peine installé, je sors pour errer selon ma coutume, et chercher, au hasard, des impressions et des découvertes. Tout d'abord, traversant la place et passant devant un mur garni d'accroupissements de burnous, je me rends chez l'administrateur M. Brugnier-Roure, pour prendre contact, comme disent les marins. L'autorité locale habite une maison entourée d'un jardin pittoresque, mais elle est en tournée. Je dois me borner à lui mettre sur une carte mes civilités et

mes regrets. C'est une visite ajournée à mon retour de Bou-Saada.

La grande place, comme partout le rendez-vous des flâneurs, est ornée au centre d'un bassin où coule une eau fraîche et pure retenue dans une large bordure de pierre ; c'est la fontaine qui abreuve toute la ville. Autour de la vaste esplanade se groupent des boutiques de bouchers et d'épiciers, des échoppes pour les kahouadji et des baraques où se vendent les poteries grossières fabriquées dans le pays, les marmites dites « bermat » et les plats troués dits « keskass » qui servent à la cuisson du savoureux couscouss.

La rue des Juifs où je m'engage tout d'abord avec le chaouch galonné qui doit me servir d'interprète est d'une saleté repoussante. Il n'y a plus d'eau dans le ruisseau, mais à coup sûr elle n'a pas servi à débarbouiller les visages de ses habitants. Horrible ce ghetto de M'sila ! Les enfants qui pullulent de tous côtés y sont hideux. Tatoués et scrofuleux, des essaims de mouches bourdonnent autour d'eux sans qu'ils essaient de les chasser. Quant aux femmes juives, elles portent encore le yemeni, ce bandeau noir qui enserre le front et cache les cheveux et sont lourdes, avachies, fanées. Si on pouvait voir leurs formes à travers une robe mouillé, elles ne donneraient pas des académies de nature à tenter les sculpteurs. En effet la race des éternelles persécutées a quelque peu dégénéré depuis qu'Esther séduisit Assuérus par sa grâce et ses charmes.

J'ai hâte de voir des formes plus harmonieuses. Puisque les femmes ne sont pas ici des bijoux de la nature, allons voir les bijoux sortis de la main des hommes et je me fais conduire chez Amar Lattrache, un orfèvre de grande réputation dans le pays, originaire de Souame en Kabylie; il habite de l'autre côté du pont, au quartier arabe, une petite maison basse. Son atelier, des plus simples, rappelle ceux de l'ancienne rue des Souqs, à Alger, et son matériel se compose d'une forge, d'une enclume posée sur la terre nue. Aux murs enfumés s'accrochent quelques outils. Il fabrique, pour sa clientèle pauvre, des bijoux grossiers, mais il est très capable d'en produire de très soignés comme ceux en argent fondu et martelé qu'il tire à mon intention de son coffre enluminé et qu'il compte prochainement envoyer au contrôle d'Alger. Il me passe successivement, en les désignant par leurs noms locaux : une *mentiqua* ou plaque de ceinture d'ouled naïl ; un *q'teb* ou boîte d'amulette de forme carrée ; un *sni* plateau travaillé et repoussé ; une *taklila* ou collier appelé ailleurs *skab ;* un *allaga* ou petite boucle d'oreille ayant la forme d'une demi-lune portée par les petits Juifs ; enfin, des *m'chareff*, grandes boucles d'oreilles accrochées à une chaîne qui se fixe derrière la tête.

Puis Lattrache me montre l'une de ses créations nouvelles, un *meqiaca ras lanech* ressemblant à un serpent enroulé. Hélas ! à côté de ce type de bijou bien arabe, il m'exhibe des reproductions de nos modèles européens, des cuillers à sel, des bonbonnières et des épingles de cravates. Je ne puis m'empêcher de lui témoigner tout mon étonnement et tous mes regrets de voir son talent se tourner vers la fabrication de la rue Chapon ou de la rue Oberkampf à Paris. Cependant pour le consoler de mon amère critique, je lui commande un *ied ed dorbane*, un talisman d'argent fait avec la patte du porc-épic, qui préserve des gerçures les seins des nourrices. Je le prendrai à mon retour et je lui achète un *meroued* à corne de gazelle, stylet à khol pour le maquillage des yeux.

Derrière chez Lattrache, travaille la corporation des brodeurs sur filali. Impossible d'être venu à M'sila sans choisir pour gibecière une djebira sur laquelle des fils de soie tracent de curieuses arabesques. « La rue des brodeurs mène au caravansérail des ouled naïls », me dit mon guide. Nous nous y rendons. Il y a là une curieuse étude de mœurs à faire.

A M'sila, les filles publiques, ces anciennes clientes du Mezour, ne se mêlent pas à la population. On les parque. Elles sont plus isolées que ne l'étaient les ribaudes au moyen âge. Ce n'est pas un quartier qu'on leur affecte, c'est une vaste cour entourée de cabanons où elles débitent leurs faveurs. Les Romains mettaient à la porte des prêtresses de Vénus une inscription : « Hic habitat felicitas. »

Les Arabes se sont contentés d'une entrée vulgaire qui peut se clore aisément.

Des distinctions s'imposent entre ces pauvres marchandes de sourires, comme disait un poète latin. Il ne faut pas confondre la « Naïla », femme des ouleds Naïls avec la Sadouia, femme des ouleds Saad ben Salem, synonyme de femme de mauvaise vie. Les prostituées se recrutent un peu partout. Beaucoup sont des Sahariennes qui arrivent à Tougourt où elles campent à Dra-el-Gmel, le mamelon des poux, avant de partir pour leur vie aventureuse.

Il faut aussi renvoyer au pays des fables la légende de la dot amassée par la fille de joie en tarifant ses charmes. Le personnel de la débauche se recrute surtout dans le Sud parmi les femmes répudiées. Ce sont aussi des femmes en tournée de recettes envoyées par leur mari faire une campagne de prostitution. Les souteneurs ne sont pas seulement de la tribu parisienne des Apaches, on les rencontre sous toutes les latitudes. Après fortune faite, la femme renonçant à son infâme métier rentre quelquefois au logis conjugal, redevient vertueuse et excellente mère de famille. Mais, le plus souvent, une fois partie de la tente familiale, la femme n'y rentre plus. Séduite par la vie indépendante qu'elle a menée, elle la continue et reste dans des centres qu'elle exploite : Bou-Saada, M'Sila, Biskra et Boghari.

Pas belles pour la plupart les prêtresses de la cour d'amour de M'Sila avec leur obésité précoce et leurs yeux enfoncés dans l'orbite ! Nous sommes loin des grandes courtisanes de l'antiquité, les Aspasie, les Phryné, les Laïs et les Glycère ! Elles adorent se tatouer la figure d'étoiles et de fleurs et se maquiller le front de jaune d'ocre, les joues de mouches noires et les sourcils de henné. Sur leur poitrine pendent comme réclame des colliers de louis d'or, présents de ceux qu'elles ont ensorcelés de leurs charmes. Aux bras elles aiment se mettre ou de larges bracelets hérissés de pointes ou de minces bracelets au nombre de sept qui, en se rapprochant et se juxtaposant, produisent l'effet de ces anciennes tours faites de pierres en bossage, taillées en pointe de diamant.

Je conserverai toute ma vie l'image de ce coin vraiment curieux du libertinage arabe avec ses cases rappelant les cellules (cellæ) des hétaïres que décrit Juvénal et qui ont été retrouvées dans les ruines de Pompéi. Le tableau ne serait pas complet si je ne parlais pas du spectacle caractéristique que donnent les groupes de jeunes gens dont ces femmes abâtardissent la race. Pâles, maigres comme des fumeurs d'opium, marqués déjà par la phtisie, assis par terre au milieu de la cour, ils devisent avec leur flegme oriental tout en fumant des cigarettes. Quelques-uns d'entre eux, dans la fleur de l'âge, sont déjà abrutis par la racine de Surnag, les semences de cardamone et les philtres aphrodisiaques, dont ils abusent dans les cafés du voisinage.

— Voulez-vous maintenant visiter le quartier arabe? nous offre notre guide qui, à l'instar du cornac d'une agence

Cook, nous a mis en goût d'impressions nouvelles par cette entrée en matière.

Et notre caravane le suit vers les anciennes fortifications faites de boue mélangée de paille hachée et séchée lentement à l'air. Ce torchis fragile et sommaire, coupé de temps à autre de rangs de briques, a résisté depuis de longues années à l'action du soleil et à celle plus destructive encore des pluies torrentielles.

La promenade est pénible. On marche le plus souvent sur une voie parsemée de cailloux ronds et usés que le temps a creusée en gouttière et qui ressemble à un torrent asséché. De plus, comme je le constate, des chiens faméliques au poil roux se chargent à peu de frais de la répurgation des culs-de-sac que les Romains auraient appelé, d'après Louis Piesse, via stercatoria.

C'est partout un dédale de rues étroites, tortueuses et de maisons qui empêchent de voir la ville, comme dirait Gribouille. Toutes les constructions sont basses, délabrées, à la toiture à claire voie soutenue par des tiges décortiquées d'olivier. Le bois des portes presque calciné s'effrite, se fendille, éclate sous les clous mauresques (mesmar) qui retiennent les ais mal joints. La fermeture est des plus simples : à l'intérieur, une barre en bois pour se clore la nuit ; à l'extérieur, un large anneau de fer pour attirer la porte sur soi en sortant. La clef n'est le plus souvent qu'un bâton garni de clous. Il suffit de l'introduire dans un trou pour soulever la traverse. Précaution utile pour se défendre contre les indiscrets : un judas fait d'une planchette glisse sur deux traverses vermoulues. Mais le plus souvent, dans la journée, la maison n'est pas close. En passant on aperçoit, au bout d'un long porche, de vastes cours où grouille la marmaille qu'on débarbouille quelquefois, mais rarement. Bonne pâture pour la vermine! Et le Coran qui exige tant de soins de propreté de la part de ses fidèles? On me paraît en violer quelque peu les sages préceptes ! Il y a décidément deux choses bien distinctes : les principes et leur application.

La confrérie des khouans a ici de nombreux adeptes. Le fanatisme se réchauffe sans cesse de la haine du chrétien. M'sila possède 17 mosquées, mais il n'en faut citer que trois : Si Omar-ben-Abid, entièrement moderne, puis Kerbat-Teillis, en partie rebâtie et enfin la plus vieille, la plus intéressante de toutes, la mosquée de Bou-

Djmelin, de construction grossière, qui renferme les restes du malheureux Constantin Naaman. C'est elle que nous visiterons.

A l'intérieur, les colonnes en pierre, destinées à supporter le plafond en tiges vermoulues de thuya et de genévrier, s'effritent. Sous l'action destructive du temps, les chapiteaux se rongent comme des têtes de mort. La maigre colonnade ne ressemble en rien à celle qui fit mon admiration dans la mosquée de Cordoue. Le mausolée est des plus simples : une double rangée de briques sur champ et aucune épitaphe. De même dans la mosquée, aucune décoration, c'est l'aspect sévère des temples protestants.

Vingt-cinq marches hautes et étroites à gravir pour arriver aux terrasses superposées de la mosquée qui dominent les maisons voisines. Des femmes que nous croisons nous regardent et nous raillent. « Des Roumis », disent-elles avec mépris en nous frôlant au passage.

Mais nous ne sommes pas au bout de l'ascension. Il faut monter dans le minaret carré construit en briques, d'une silhouette lourde. C'est de là que le muezzin lance aux quatre points cardinaux son appel aux fidèles pour les inviter à la prière. Quelle vue superbe lorsqu'on est arrivé au sommet! nous sommes récompensés de nos peines. A nos pieds, au milieu des grenadiers, des abricotiers et des palmiers balançant leurs panaches, le pont en fer, véritable trait d'union d'écriture, qui joint le quartier juif au quartier arabe. Autour de nous les maisons de la ville, avec leurs toitures rouges sur lesquelles rit un soleil éclatant. Toutes les terrasses sont parsemées de formes blanches. Ce sont des femmes qui étendent du linge. Dans les cours intérieures, d'autres femmes préparent le couscouss nourrissant. Voici le moulin, le caravansérail et les mosquées penchées comme la tour de Pise. Voilà les innombrables kouba en dôme hémisphérique ou pointu comme un pain de sucre qui émaillent de leurs taches blanches, à l'instar des mulons dans les marais salins, la Mitidja du Sud. Dans le lointain, d'un côté, à l'Est, les ruines romaines de Bechilga devenues une nécropole, et, de l'autre, l'immense plaine du Hodna, ce désert salé et sablonneux où nous serons demain et que bordent, au Sud, les monts du Zab et, au Nord, le massif du Rira, qui ferme l'horizon d'une ligne grisâtre.

Je constate ici une lacune dans les notes tracées au crayon sur mon carnet de voyage. J'ai simplement écrit : « Visité la Kouba d'Abd el Kader ben Hamoud, mort il y a 616 ans », mais je n'ai pas mentionné où se trouve ce tombeau. Est-ce un monument dans une mosquée ? Est-ce une Kouba isolée plus vaste que les autres. Je ne rencontre qu'une courte description et je dois m'en contenter, car il m'est impossible de retourner à M'sila pour vérifier et pouvoir donner d'une façon précise une indication topographique ; mais il s'y rattache une jolie légende dont je ne veux pas priver les lecteurs.

Près du tombeau, entouré d'un grillage et couvert de vieilles soieries, se dressent deux potences de bois très proches l'une de l'autre. Des traverses horizontales pendent deux anneaux de fer. C'était, dit-on, la coutume de faire passer les mariés, montés sur des chameaux, entre ces deux potences. Chacun d'eux devait saisir un anneau et le choquer contre l'autre, en se jurant fidélité. Rite symbolique ou formule de serment, je l'ignore.

Toutefois une version différente a cours. Certains voyageurs ont raconté que cet appareil de gymnastique servait à un autre usage depuis longtemps disparu. Quand une femme stérile arrivait, en écartant les bras, à pouvoir saisir les deux anneaux à la fois, elle était certaine de devenir mère dans l'année.

Nous quittons la Kouba et le quartier arabe pour rentrer dans le quartier européen par le pont gigantesque. Sa construction récente détonne au milieu de cette civilisation attardée.

Sur la berge de l'oued Ksob, des enfants jouent au cora, dont les salutaires exercices ont peut-être donné l'idée du golf anglais. Ce n'est là qu'une simple conjecture. Accoudés à la balustrade du pont de fer, nous restons quelque temps à regarder cette partie animée. Les petits Arabes nous

captivent par leurs mouvements souples et gracieux. Les sports sont de tous les temps et de tous les lieux.

Avant de partir, l'un de mes amis d'Alger m'a remis une lettre d'introduction auprès du cadi Si Mohamed Boudiaf ben Henni, dont les ancêtres n'étaient pas de petits compagnons, comme disait Henri IV. Cette vieille souche aristocratique a toujours été très dévouée aux Français. Son père, Mohamed Seni ben Sekri, chef de la grande famille des Ouled-Mahdi du çof Oued Bouras, était un homme supérieur. Après avoir servi d'agent dévoué à Abd el Kader, il fut un des premiers à se rallier après la défaite. Depuis, lui et ses descendants ne nous ont jamais trahis. Ils luttèrent avec nous contre Mokrani lors de l'insurrection de 1871. Plus tard, un Boudiaf se fit massacrer au campement d'El-Anasser. Les Boudiaf sont encore nombreux à M'sila. Ils occupent tous des situations importantes. Si Mohamed Boudiaf ben Henni, aujourd'hui conseiller de l'administration dans la commune mixte de M'sila, porte le titre d'agha honoraire. C'est, dit-on, un esprit distingué et très fin, mais il a les qualités et les défauts des nobles. Jadis, d'après ses fonctions, il percevait les impôts. Et les Arabes l'ont surnommé Hadj Douro. Bien à tort, car il ne s'est pas enrichi, la main droite ayant toujours jeté au vent de ses prodigalités ce que prenait la main gauche sous les plis récalcitrants du burnous, comme c'était son droit et son devoir de percepteur.

Que voulez-vous? les Arabes n'aiment ni les tailles, ni les corvées, ni les amendes, ni la police, ni la justice, ni les diffas imposées par ceux qui viennent recouvrer l'impôt. Quoi qu'il fasse, le caïd reste toujours détesté de ses administrés. C'est une tradition bien humaine et les conteurs ont un grand succès dans les cafés arabes lorsqu'ils récitent l'anecdote suivante, courte comme une fable de La Fontaine :

Dans un marché, un caïd rend la justice. Devant lui se tiennent deux Arabes en désaccord. Le juge offre une prise à l'un; celui-ci glisse subrepticement un douro dans la tabatière. Le caïd offre une prise à l'autre plaignant; celui-là en glisse deux. Moralité : ce fut le dernier qui eut raison.

Cependant il nous tarde de voir Si Mohammed Boudief. Il demeure sur la grande place, dans une maison contiguë à notre hôtel. Nous frappons à son huis. Un domestique ouvre et nous introduit. Quelques instants après paraît un petit vieux, maigre, ridé, ratatiné, très brun, l'œil vif, le nez en bec de corbeau, cinquante ans environ. Simplement vêtu, il paraît fier de la rosette de commandeur de la Légion d'honneur de grande dimension qu'il porte et qui fait une tache de sang sur son burnous blanc. Il nous accueille à merveille avec toutes sortes de salamaleck.

La pièce où nous sommes est étroite. Des murs blanchis à la chaux, sans aucun ornement, comme dans une mosquée. Sur le sol, d'épais tapis. Accablés par la chaleur, nous prendrions bien quelque chose, mais nous ne pouvons même pas prendre une chaise, il n'y en a pas. Nous restons debout et nous attendons.

Tout d'un coup, soulevant une draperie, les trois femmes de Boudiaf surgissent, ainsi qu'une vision hiératique. C'est un fouillis de linge, de larges ceintures, de voiles avec un semis d'étoiles d'or et de soies légères et rayonnantes qui les enveloppe. Pour recevoir des dames françaises, elles ont mis leurs plus beaux atours. Elles ont emprisonné leurs pieds dans des chaussures enjolivées de broderies d'or et se sont couvertes de bijoux où étincellent des pierres précieuses, tandis que sur leurs poitrines, qui bombent le haïk, attaché par des bzaim, pendent une profusion de chaînettes d'or. Il paraît que, prévenues de notre visite, depuis le matin elles préparent leurs toilettes et surtout l'édifice de leur haute coiffure, noire comme les plumes de l'autruche mâle. Les yeux, avivés par le khol, ont été agrandis comme il convient pour les faire ressembler à ceux de la gazelle. Les sourcils se rejoignent dans un trait noir en accent circonflexe. Ajoutez à cela des dents d'ivoire telles que nos mondaines donneraient, toutes, leurs rangées de perles pour en montrer autant.

Debout devant nous, comme sous les armes, les trois grâces africaines ne disent mot, mais sourient de s'exhiber si belles. Boudiaf, comme Mohamed (que nous appelons je ne sais trop pourquoi Mahomet), aime les femmes et les parfums. C'est un éclectique. Il a choisi, pour son harem, trois types très purs des races berbères, arabes et mauresques, mais à des âges différents. Mystère de l'amour!

Peut-être est-ce la moins jeune qui est la favorite!

Cette contemplation muette cependant, quoique charmante, ne saurait durer indéfiniment.

L'agha sait que j'aime les bijoux et que j'en recherche les types et les noms. Il a la complaisance de me désigner lui-même ceux que portent ses femmes.

Sur la tête, le djebine, diadème à deux rangs constellé de pierreries, tandis que l'assaba d'Alger n'a qu'un rang de plaques découpées et incrustées de diamants.

Aux oreilles, des mchareff, boucles d'oreilles faites en fil d'or enroulé en cercle avec une garniture de dents de scie, composant à l'intérieur et à l'extérieur une série de petits losanges.

Au poignet, des dah à pointes hérissées. Ce n'est pas là une vaine parure. Elle peut devenir, à l'occasion, une arme terrible. Les gladiateurs portaient de semblables bracelets dans les corps à corps sans merci du cirque romain. Ils ressemblent aux anneaux de pierre dure et noire que les Touaregs enroulent autour de leur bras pour en asséner des coups mortels sur le crâne de leurs ennemis.

Les bijoux les plus décoratifs, ce sont les taklila qui pendent de chaque côté de la figure, et qu'à Biskra, on désigne sous le nom de « beauté de la joue ». Ce bijou est le préféré ici. Selon le goût et le caprice de celle qui s'en pare, son cercle d'or est orné des attributs les plus variés, de corail, de boules d'or, de sequins et de cubes émaillés... On l'agrémente de pendeloques les plus variées.

L'une des femmes de l'agha, plus coquette que les autres, a eu l'ingénieuse idée de faire pendre de chaque taklila un écheveau formé de perles baroques, de corail et de glands de soie, et elle a soutenu cette parure un peu pesante pour le lobe de l'oreille par une chaîne d'or allant d'un petit crochet fixé sur le bijou à une agrafe attachée derrière la tête dans la chevelure. C'est d'un effet décoratif tout à fait charmant.

J'avais calomnié Boudiaf dans mon for intérieur en arrivant chez lui. Il connaît tous les devoirs de l'hospitalité. L'inspection des bijoux terminée, on nous fait servir des confitures sur un plateau ciselé. Après avoir bu une tasse de café, nous nous retirons, emportant de cette cordiale réception et de cette vision d'intérieur arabe, un agréable souvenir.

L'agha a été gracieux jusqu'au bout.

Le soir, nous trouvâmes sur notre table les mets favoris du pays : un cous-couss et un méchoui succulent envoyés par lui.

IV

LE HODNA

29 avril.

Réveil à trois heures et demie du matin. Allons, du courage, debout! J'ai dormi comme un caillou, mais les nuits maintenant sont courtes en Algérie. Il faut partir avant la chaleur. Encore tout somnolent, je m'habille à la hâte.

Bientôt se range devant la porte de l'hôtel notre voiture que Sterne aurait appelée à juste titre la *Désobligeante*, tant elle nous inspire de défiance.

4 *heures* 1/2. — Nous sommes encore dans les ténèbres quand sont chargés les bagages et le coufin à provisions. Notre conducteur, le nommé Pitancier, délégué de l'entrepreneur du service des voitures à M'sila, donne le signal du départ. Un

type celui-là. Gros, trapu, le teint rouge, le visage sabré de fortes moustaches à la Victor-Emmanuel. Sa tête coiffée d'un grand chapeau à larges bords comme le sombrero espagnol lui donne l'air d'un catalan. Tout en mâchonnant un bout de cigare, Pitan-

cier lance avec dextérité, d'un poignet énergique, le coup de fouet de la mise en route. C'est la monnaie courante des cochers. Comme elle ne leur coûte pas cher, ils la font sonner largement au départ.

Notre guimbarde s'ébranle sous l'effort de trois petits chevaux étiques, maigrichons, semblables à des fantômes. Dire qu'ils nous mènent ventre à terre serait exagéré, car leurs jambes qui fléchissent déjà ne m'inspirent aucune confiance. Je doute de leurs qualités d'endurance pour notre longue étape. Il faut bien en convenir, nourris plutôt de coups que d'orge, accablés d'injures plutôt qu'entourés de bons soins, ce serait trop d'exiger qu'en retour ces pauvres bêtes témoignassent pour leurs maîtres, si durs avec elles, la moindre reconnaissance.

Nous traversons des rues désertes et dans la pénombre j'entrevois la silhouette de quelques Arabes en prière, tantôt accroupis, tantôt la face à terre tournée vers La Mecque, la métropole des croyants. D'autres formes vagues font des ablutions sommaires dans un petit ruisseau jaseur.

Le soleil se lève peu à peu et les regards cessent de flotter sur des formes incertaines quand nous sortons de M'sila pour entrer dans le Hodna. Pas d'encombrement dans la plaine. Aussi loin que portent les regards, nous n'apercevons aucune autre voiture. Inutile pour Pitancier de prendre sa droite. Remplaçant la route, une piste sur l'argile est le terrain, battu et doux, piétiné par les caravanes.

Cependant, si l'on venait à perdre la voie ordinairement suivie il n'y aurait pas à s'inquiéter : les poteaux télégraphiques avec leurs lignes de laiton parallèles comme des portées de musique serviraient de fils conducteurs. Nous n'avons donc qu'à ne pas les perdre de vue pour connaître la direction à suivre.

Bordant l'immense étendue du désert et fermant l'horizon, deux montagnes, le Petit et le Grand Billard, se glacent de rose aux premiers feux du jour. Notre automédon nous donne ces noms pittoresques, je lui en laisse la responsabilité, car j'ignore s'ils figurent sur les cartes géographiques, mais il est certain que ces sommets sont plats comme des tables de billard.

5 *heures*. — Il fait grand jour. De M'sila il ne reste guère qu'une ligne grisâtre qui s'estompe, bleuit et disparaît. Le minaret de Bou Djmelin incruste, le dernier, son relief sur l'horizon comme un I, privé du point, cher à Musset. Sous l'action

des rayons solaires s'élève une brume légère. L'humidité s'évapore du sol et se condense en rosée. L'atmosphère devient peu à peu légère et transparente. La plaine est parsemée de rares touffes d'herbe. De longues racines de coloquintes apparaissent sur la boue desséchée. Ce n'est en résumé partout qu'un vaste lac dont l'eau a été pompée peu à peu par le soleil ; aussi voit-on ça et là des crevasses provenant de l'évaporation. Calcinée par la chaleur, coupée à angles droits par des retraits, la vase prend, dans certains endroits, l'aspect de briques séchant au soleil.

De temps à autre se renouvelle un spectacle déjà vu et déjà décrit. Nous croisons de longues files de Berbères conduisant leurs troupeaux et gagnant lentement l'étape lointaine où la tente sera plantée près d'un cours d'eau. Vie rude, mais indépendante. Qu'importe après tout les privations ? Le loup de la fable de La Fontaine me parut toujours un sage bien avisé en refusant d'être attaché, même au prix d'un trésor. Abd el Kader a chanté les pasteurs : « Rois nous sommes, a-t-il dit. Rien ne peut nous être comparé. Le véritable bonheur gît dans la vie nomade. »

Ces vagabonds du désert, isolés du monde, choisissent leurs stations d'été et leurs stations d'hiver. Je présume

cependant que leur villégiature, sans être soumise à une feuille de route, ne s'arrête que dans des campements autorisés par le Gouvernement.

Cependant, elles m'intéressent toujours, ces tribus en marche ! Les voyageurs traversant le désert manquent de distractions ; elles leur en procurent. Cette fois encore, l'âne de la fuite en Egypte sert de chef de file. Il va pensif et résigné. Sa patience à supporter les plus mauvais traitements et la plus maigre nourriture plaide en faveur de son intelligence. Vrai philosophe, il vit comme il peut.

Cheminent ensuite, véritables bêtes de somme souvent battues, les bédouines sans voiles que suivent leurs enfants dont la tête rasée, polie comme une noix de coco, résiste victorieusement aux coups de soleil. Quelques-uns regardent curieusement notre carriole dégingandée qui déambule péniblement. C'est pour eux un événement assez rare dans les solitudes du Hodna.

En les voyant s'arrêter devant nous, il me semble qu'ils vont poser pour un de ces tableaux des grands peintres orientalistes, Marilhat et Eugène Fromentin, dont le pinceau a si bien rendu le calme du désert et la physionomie des caravanes.

Déjà vingt-cinq kilomètres de parcourus dans cette région aride ! Trajet monotone à travers le chott du Hodna. L'hiver, l'oued Ksob vient s'y perdre. Lors des pluies tous les ruisseaux des montagnes voisines se déversent dans ce lac. Mais à cette époque de l'année ce n'est plus qu'une surface desséchée et salée. Les Romains l'appelaient Salinæ Tubonenses m'apprend l'érudit Louis Piesse. Cela donnera cent mille hectares que l'on pourra cultiver un jour et qui produiront autant que les rives de l'Egypte fertilisées par les inondations du Nil. Que de concessions fructueuses se disputeront alors les colons de l'avenir !

8 *heures* 1/2. — Bordj-Chellal, petit paradis qui fait partie de l'archipel des oasis du Hodna. Un temps de repos au milieu de la verdure. Le puits artésien donne un jet chaud et continu qui coule dans un vaste bassin et s'échappe par des caniveaux où nagent en abondance des tortues minuscules. Frileuses, elles se réchauffent dans l'eau tiède. Je me souviens que dans les lagunes de Venise ces minuscules amphibies abondent. La lenteur de leurs mouvements nous permet de les prendre aisément à la main. Cette pêche facile fait notre joie. Mais nous relâchons nos prisonnières faute de

pouvoir leur offrir une installation confortable pour faire avec nous le voyage dans notre véhicule.

Un poste d'observation a été établi dans cette oasis. Un gardien y vit toute l'année au milieu d'une végétation incroyable qu'accélère l'abondance de l'eau. Chaque goutte d'eau représente dans le désert un pouce de terre à cultiver a dit un voyageur. Toute la flore tropicale vient dans le jardin avec une activité extraordinaire. Le potager donne deux récoltes par an. Les rameaux des arbres poussent d'une façon vertigineuse. Ils servent de refuge aux oiseaux égarés qui s'y reposent et font entendre leur doux gazouillement pendant notre court séjour.

9 *heures*. — Les chevaux sont déjà désaltérés et nous aussi. En route ! Go ahead ! Les morts vont vite dit la ballade, plus vite que nous pauvres vivants qui nous acheminons cahin caha vers notre but. J'ai quitté ma place d'intérieur et je suis monté sur la banquette pour causer un peu avec

notre automédon. Pitancier n'aime pas les indigènes. Enragé arabophage, il ne veut pas d'assimilations : il est pour l'extermination de la race ou pour son refoulement vers le Sud, à la façon des Américains avec les Peaux-Rouges.

— Croyez-moi, tous des canailles, monsieur. Si j'en tenais un dans un coin, je lui retournerais la peau du ventre à l'envers.

Au fond, ce brave homme n'est pas si féroce. Il tuerait une mouche, mais pas un Arabe. Pitancier est du Midi, et alors...

Voici le vrai désert pas maquillé de touffes d'herbe. C'est l'immensité jaune, morte, implacable. Toute la population de l'Algérie y pourrait tenir à son aise. Grâce aux puits artésiens dont les trous se multiplient, tout sera défriché un jour. Le monde a bien encore quelques milliers d'années à vivre et, avant un siècle, il s'élèvera dans le désert des cités importantes, dont plus tard, les ruines seront retrouvées comme celles de Timgad.

Ainsi va l'humanité. Grâce à un perpétuel recommencement, ceci tue cela et ainsi de suite jusqu'à la consommation définitive de tous les siècles.

Les poteaux télégraphiques s'éloignent. La piste est maintenant difficile à suivre. Ces traces s'effacent souvent sur le sable qui a remplacé la vase desséchée. Nos chevaux commencent à tirer davantage. Nous ne sommes plus sur le massif maritime mais sur le massif saharien. Les roues s'enfoncent profondément dans le sol friable.

11 *heures*. — Halte à Ain-Baniou qui possède, dit Pitancier, une source thermale au milieu de quelques débris romains. Nous sommes à quatre cents mètres d'altitude, à quarante-quatre kilomètres de M'sila, et enfin, à l'extrémité du sud-ouest du chott Hodna. Des dunes de sable nous entourent. Au soleil miroitent des salines blanches. A notre approche s'enfuient des hommes, nus comme des vers, en train de réparer le mur d'un petit hangar servant de caravansérail que

l'Etat a construit pour permettre aux troupes de s'y réfugier et de s'y défendre en temps d'insurrection. Nous quittons avec bonheur notre boîte roulante, car nous devons nous arrêter ici. Seulement, un oubli complique la situation. Imprudents voyageurs, nous n'avons pas songé à demander aux bureaux de M'sila les clés du refuge administratif !

Pour en chercher l'ouverture, nous tournons vainement autour par cinquante degrés centigrades au moins. Avec une chaleur telle il est impossible de rester au soleil qui flambe, sans s'exposer à de cuisantes brûlures sur la peau. C'est la rage de la canicule, comme dit Horace.

Nous avisons alors, contiguë à l'abri, une cabane élevée avec des cubes de briques séchées au soleil. Plutôt une tanière qu'une hutte ; pas de fenêtre, une seule porte étroite et basse. Des Arabes revêtus pour tout vêtement d'une gandoura légère accourent on ne sait d'où. Ils nous invitent à entrer dans le refuge. Ils étendent des tapis en lambeaux sur la terre battue et nous offrent obséquieusement leurs services.

Il fait bon, il fait presque frais dans la hutte. Pas de clarté aveuglante. Bien que sordide, la situation sera encore un agréable séjour. Quel délice exquis une heure de repos à l'ombre, après avoir été cuits au soleil et cahotés pendant un long trajet !

On sort les provisions des couffins, les dames mettent le couvert. Une nappe est étendue sur le tapis dont nous nous défions comme propreté. On la couvre de victuailles délectables : pâté, poulet froid, œufs durs, oranges de Blidah et petits beurres de Nantes à la marque Lu-Lu.

Qui a pu croire que les mouches n'aiment que la vive lumière, fuient l'obscurité. Ici il fait sombre et cependant elles sont légion. A peine assis, elles s'invitent même audacieusement au festin. Encore si elles ne dévoraient que les mets, seulement elles nous dévorent nous-mêmes avec une impertinence persistante malgré les chasse-mouches en latanier dont, par précaution, nous nous sommes munis au départ.

Ne pouvant nous éventer d'une main et prendre notre nourriture de l'autre, nous appelons deux yaouled qui nous regardent à la porte de la cabane et nous les chargeons de mouvoir lentement les écrans portatifs autour de nous à la façon des pancas adoptés dans les Indes. Bientôt le parasite ailé de la Fontaine cesse de nous importuner. Une brise douce nous ranime et nous caresse de ses invisibles courants d'air.

— Il faut, dit l'un de nous, faire sauter le bouchon d'une bouteille de champagne et porter un toast en l'honneur de feu Mohammed. Son abstinence de tout élixir enchanteur l'empêcha d'en connaître jamais la douce saveur et la mousse pétillante.

Heureuse et gaie libation ! Elle provoque toujours l'allégresse. Mis en joie nous entonnons à l'envi, pendant que nos compagnes desservent la table improvisée, une série de joyeux refrains et de vieilles chansons du pays de France. Une tasse de café, un fin cigare et le sommeil nous gagne. Par cette chaleur atroce il est bon de faire la sieste. Avec nos sacs près de nous, un couffin roulé sous la tête, nous nous étendons sur les moelleux tapis qui couvrent le sol. Levés avant l'aube nous ne tardons pas, malgré les piqûres insolentes des mouches revenues en grand nombre, à perdre complètement la notion de ce qui nous entoure.

Cependant les Arabes restés à la porte de la cabane pendant notre repas devisent entre eux. Je ne sais pourquoi — peut-être les opinions de Pitancier me trottent-elles en tête ? mais je ne dors que d'un œil et je suis tous leurs mouvements. Par l'étroite ouverture de la porte je vois l'un d'eux tirer de sa gaine le couteau traditionnel à lame effilée que recouvre sa ceinture, puis l'aiguiser sur la petite pierre qui pend au fourreau.

Les Arabes semblent se consulter, presque se disputer. Que va-t-il se passer ? Chi lo sa ? Ils en veulent tant aux Français ! S'échapper me paraît impossible. Pas d'autre ouverture que la porte de notre tanière et elle est barrée par le groupe des bandits. Pendant ces réflexions, j'allonge instinctivement la main vers mon sac de voyage et je m'assure que mon revolver est à ma portée. Je le tire doucement de son étui et je le tiens au bout de mon bras allongé contre ma jambe du côté opposé au jour de la porte.

Insouciants du danger, mes compagnons dorment, quelques-uns même ronflent. A quoi bon les réveiller et les effrayer ? Les femmes ne pouraient, en manifestant leur effroi, que compliquer la situation. Toutes les émotions s'éveillent en moi. La prudence me conseille d'attendre, le courage me pousse à agir immédiatement. Je calcule que je puis tirer aisément sur le premier Arabe qui entrera et le descendre immédiatement avant qu'il ait eu le temps de se baisser et de lever le bras pour frapper. Je suis bien armé. Il y a six balles dans mon revolver.

Cependant les pillards ne masquent plus l'ouverture. J'ai aussi cessé de les entendre. Cruelle énigme ! Terrible perplexité ! Nos ennemis irréconciliables ne cherchent-ils pas comment ils vont exercer leur vengeance ? Mon imagination galope. Ils vont revenir peut-être avec du bois, l'entasser à la porte, l'allumer et nous asphyxier. Tristes représailles des grottes enfumées à l'époque de la conquête.

Depuis quelques instants Mme C... ne se repose plus. Quelle imprudence, s'est-elle dit, de nous exposer ainsi seuls, éloignés de tout secours, à la merci de tous ces braves gens, honnêtes souvent, mais assassins quelquefois, surtout lorsqu'ils sont certains de l'impunité ! Ces réflexions ont troublé son sommeil. Tournée de mon côté, elle s'aperçoit que, moi non plus, je ne dors pas, que je me suis redressé sur mon séant et que mes yeux se fixent obstinément vers la porte. Alors, elle a comme le pressentiment d'un danger. Tout à coup nos regards se croisent. Je la prie alors à voix basse, puisqu'elle est près de la porte, de me dire ce que sont devenus les Arabes. Elle se soulève à demi, se penche un peu, regarde dehors et sans comprendre mon inquiétude me dit doucement :

— Les Arabes sont à côté, contre un mur. L'un d'eux se fait raser avec le couteau de son camarade.

Je pars d'un grand éclat de rire qui réveille mes compagnons encore assoupis. Je leur raconte le dénouement imprévu des craintes qui m'ont assailli. D'où j'étais placé je ne voyais qu'une moitié de la scène coupée en deux : — celle de la main dramatique du bandit aiguisant et brandissant son couteau — tandis que celle de la main pacifique du barbier inoffensif, pinçant le nez du patient restait invisible pour moi. Ce couteau féroce qui m'avait valu une belle anxiété n'était en réalité que le plus vulgaire des rasoirs.

Pourquoi le nier? Je suis au fond très enchanté de l'aventure, authentique, deuxième édition de l'anecdote: *Faut-il les tuer tous les deux?* que Paul-Louis Courier, voyageant en Calabre, a spirituellement racontée dans l'une de ses lettres. Je tâcherai à mon retour de la rendre aussi émouvante quand mes amis d'Alger en écouteront les péripéties. Pour beaucoup maintenant je ne voudrais qu'elle ne fût pas

arrivée. Puis elle a grandi ma haute estime pour le sang-froid de Mme C... Notre compagne de voyage possède cette sérénité d'âme qui ne s'émeut de rien. Avec la fierté de Junon, elle a décidément tous les dons heureux de Minerve.

Bientôt nous sommes tous debout. Près de nous un Arabe s'enveloppe la figure de ses mains. Il a horriblement mal aux dents. Une grande pitié nous prend pour ces malheureux injustement soupçonnés. Instantanément une réaction se produit dans notre esprit et ils deviennent tous pour nous et sans enquête préalable les habitants les plus vertueux du désert.

Mme C... ouvre la pharmacie de poche et en tire une fiole de laudanum. Habile infirmière elle badigeonne avec un léger pinceau les gencives endolories du patient, le mal s'arrête instantanément. Nous venons d'accomplir un miracle. Les Arabes superstitieux nous prennent pour des sorciers sachant, avec des recettes infaillibles, éviter tous les maléfices. Ils poussent des hourras en notre honneur. Jamais marabout le plus vénéré n'ouit rien de pareil. Nous cherchons vainement à les persuader que nous ne sommes pas des médecins, mais que nous connaissons quelque peu la médecine et que nous leur offrons nos services.

Alors ils nous quittent en courant et vont prévenir le douar voisin. Tous les malades et tous les infirmes abandonnent leur tente et arrivent à la consultation pour nous raconter leurs souffrances. — Les dames s'occupent des femmes. M. de Cazeneuve et moi nous prenons les hommes. Nous sortons les bandes de toile découpées, le coton hydrophile, l'ammoniaque pour les piqûres et le diachylum pour les blessures. Les maladies d'yeux, causées par les sables du désert, sont

fréquentes à Ain-Baniou. Au lieu de procéder par les incantations des santons illuminés pour guérir les ophtalmies, nous indiquons les remèdes pratiques et opérons nous-mêmes avec quelques pincées d'acide borique fondues rapidement dans l'eau.

Une femme en haillons explique par des gestes qu'elle souffre beaucoup de l'estomac. Une pilule d'éther qu'elle avale et qui éclate à l'intérieur lui procure, avec sa douce chaleur, un soulagement immédiat. Alors elle disparaît bien vite et revient quelques instants après tenant dans la main deux œufs frais, la seule offrande que puisse faire sa pauvreté pour nous témoigner toute sa reconnaissance. La scène est touchante. Nous sommes tous émus. Le Coran impose comme un devoir de faire du bien à autrui. Nous avons agi en bons musulmans.

Maintenant, en notre langue, des protestations de dévouement partent de tous les côtés. Chose rare, nous sommes devenus des Roumis bienfaisants. Les gens de notre race entendent rarement pareil concert.

Pitancier revient à ce moment avec la voiture attelée et nous dit durement.

— Vous avez bien tort de vous occuper de ces canailles-là.

Le brave homme doit avoir des raisons personnelles pour détester les Arabes, mais il ne nous persuade pas. N'écoutant que les mouvements de leur cœur généreux, les dames distribuent à la population du douar le reste de nos provisions.

Reposés de nos fatigues nous remontons en voiture, prêts à en affronter de nouvelles. La suite de ce voyage montrera que nous n'étions pas au bout de nos peines. Les tribulations ne devaient pas nous être épargnées. Nulle ligne de chemin de fer ne traverse encore le désert. Le confortable des Anglais y est absolument inconnu.

1 *heure* 1/2. — Départ. Le fouet claque sur le dos de nos coursiers nullement impatients de partir.

Notre carrosse creuse des ornières si profondes que le tirage devient très dur pour les chevaux, et bientôt ils se refusent à tracer leur pénible sillon. Pour comble de malheur, l'un d'eux est vicieux. Tantôt il avance et tantôt il recule. Ses caprices brusques causent à chaque instant des accidents. Il faut les réparer tant bien que mal. On le met à la suite.

L'attelage se trouva réduit à deux chevaux au beau milieu du plus difficile de la route. Triste perspective ! Le chemin, comme dans le *Coche et la Mouche* de La Fontaine se déroule

> ...Sablonneux, malaisé,
> Et de tous les côtés au soleil exposé...

Et nous n'avons pas, pour traîner notre coche, les six forts chevaux de la fable.

Très curieuse cette région de dunes stériles. Partout des monticules de gravier fin. Des roues de la voiture, enfoncées souvent jusqu'au moyeu, le sable s'échappe en cascades. On dirait d'un cornet versant sa poudre d'or sur le papier pour en sécher l'écriture.

Comme cette poussière eût été recherchée au temps de la plume d'oie et de l'encrier de corne des anciens tabellions ! Aujourd'hui, elle ne sert plus qu'à récurer les cuivres ternis. C'est l'implacable soleil qui la dore ainsi, comme il fait aussi vibrer l'atmosphère ambiante. Près de nous l'air paraît se liquéfier. Au bas de l'horizon, noyée dans une buée, se dessine une longue bande de vif argent brillant comme un miroir. Il nous semble voir un lac où se réfléchissent des verdures renversées. Ce mercure herborisé n'est qu'une illusion d'optique. Les arbres sont, en réalité, de maigres touffes d'alfa du désert démesurément agrandies. Je suis ravi de cet effet trompeur. Enfin, voilà le mirage tel que je l'attendais depuis longtemps. Celui de M'sila n'avait été qu'une déception. Je comprends maintenant le phénomène des paysages chimériques et je m'explique comment les égarés dans le désert, surpris par la vision séduisante d'une oasis éloignée, s'épuisent en vaines recherches pour la découvrir. C'est une joie éphémère, l'éternelle fiction de la coupe et des lèvres, une image des illusions décevantes de la vie.

2 *heures* 1/2. — Le fouet résonne plus que jamais, notre cocher multiplie les

— Hue ! dia ! hue ! dia !

Et il accable notre attelage indifférent de sarcasmes amers pour lui et inquiétants pour nous.

— Jamais nous n'arriverons, grogne-t-il.

Je commence à être de son avis. En tout cas, nos désirs d'être rendus à Bou-Saada vont plus vite que le véhicule qui les porte. Nous avons hâte de le quitter. A peine si nous avons un mètre carré de place pour nous quatre. Les condamnés sont plus à l'aise dans leurs cabanons de voitures cellulaires.

A chaque instant, je redoute de sentir par un arrêt brusque les ressorts se rompre et notre fragile moyen de transport rester en panne ou tomber en lambeaux sur le sable. Les cahots deviennent insupportables et nous jettent sans cesse les uns sur les autres. Nos genoux s'entrechoquent comme des noix dans un sac. Il faut nous caler solidement et nous cramponner à la boîte. Ce mode de locomotion décidément laisse beaucoup trop à désirer. C'est à envier la charrette à bœufs des temps mérovingiens! De temps à autre, après une forte secousse qui déplace nos visières je crie à nos compagnons :

— Cette fois, çà y est!

— Pas encore, reprend doucement Mme C... qui garde son calme et ne se lamente pas. Un peu plus, elle ferait comme Démocrite, le philosophe qui savait rire de tout.

Cependant, d'un commun accord, nous prenons le parti énergique de descendre et de pousser la voiture pour aider les pauvres haridelles. Aucune hésitation parmi nous pour exécuter, séance tenante, cette résolution héroïque. Pitancier crie, tempête, mais suit à côté : je crois qu'il nous laisserait sans vergogne transformer au besoin sa voiture en une charrette à bras.

Continuer à faire ainsi la route à pied serait impossible et même dangereux. Les vipères à cornes abondent dans cet endroit, où souvent elles se traînent à fleur du sol ou sortent à peine leur tête de leur trou. En effet, nous sommes bien dans leurs parages, car de temps en temps se montre leur ennemi acharné, l'ouranne à la peau granuleuse, à la longue queue et aux pattes fortement onglées. Heureusement, le grand lézard du désert, inoffensif pour l'homme, n'est dangereux que pour les vipères qu'il défie en des duels terribles. La carapace de l'ouranne joue alors le rôle de la lime dans la fable de La Fontaine. Devant l'impuissance de ses morsures, le reptile, le plus souvent, renonce à la lutte. Malheur à lui s'il ne se sauve et ne disparaît promptement dans le premier trou à sa portée, car si l'ouranne peut saisir le vivipare il broie sa tête triangulaire entre ses deux puissantes et redoutables mâchoires.

Sur le ciel bleu se détachent, au-dessus de nous, quelques nuages blancs comme de la ouate tombée dans un bain d'indigo. Au loin, un nuage farouche crève avec des fulgurances d'éclair et des bruits sourds de tonnerre. Allons-nous être trempés par une pluie diluvienne? Je sens déjà quelques gouttes, ce n'est pas encore le crépitement de l'averse. Cependant, l'orage n'arrive pas jusqu'à nous. O bonheur au milieu de notre infortune! Au lieu de s'approcher lentement, il s'éloigne avec vitesse. Le soleil reparaît plus brillant et plus brûlant encore. Maintenant séparées par une large brèche, les montagnes du Petit-Billard et du Grand-Billard se dégagent nettement dans le lointain. Décidément ces sommets plats sont bien nommés. Nous voyons mieux maintenant leurs tables horizontales.

3 *heures* 1/2. — Bir-el-Gora. — Un bouquet de palmiers entourant un puits artésien, une colline au milieu d'un cirque de sable. Là s'élevait à l'époque romaine un petit fortin. De ce vieux champion du temps, il reste vaguement quelques traces. Aujourd'hui, cet îlot verdoyant n'est plus qu'une halte avec quelques baraquements que le temps nous manque pour aller visiter.

Des fillettes portant des enfants s'approchent. L'une d'elles nous offre de l'eau dans des coupes d'alfa tressé et goudronné. Près d'elle se tient une petite fille qui serait très gentille si elle n'était affligée d'un gros ventre que sa nudité laisse voir : la pauvre petite a le carreau. Encore une proie de la tuberculose ! Nous nous rafraîchissons de bon cœur dans les rustiques tasses que nous tendent ces Rébecca du désert africain. La tasse de café qui suit est accueillie avec bonheur.

Vingt kilomètres nous séparent encore du terme de notre interminable voyage. Le conducteur Pitancier prend le parti d'envoyer devant nous le cheval vicieux pour demander du renfort. Un Arabe de l'oasis saute dessus et part au galop.

Le voyage reprend cahin-caha avec des peines infinies. Les deux chevaux qui nous restent sont à moitié fourbus. Nous avançons péniblement dans le sable, tantôt à pied, tantôt en voiture.

Cinq cents mètres à peine dans une demi-heure ! Telle est notre vitesse. Le désespoir nous gagne : nous sommes loin de tout être vivant. Sancho Pança avait bien raison de dissuader Don Quichotte des voyages et de jurer qu'il serait infiniment mieux chez lui. Nous étions si bien au Square Bresson, avec, devant nous, les feuillages animés par la brise, plus loin le mouvement de la rade d'Alger, et sous nos yeux le grouillement fraternel et cosmopolite de la rue Bab-Azoune. Le panorama du désert ne vaut pas tout ce que nous avons quitté : il est laid, monotone, fastidieux, hideux. Hélas ! impossible de revenir sur ses pas et, après tout, les regrets sont toujours superflus.

Cependant Pitancier jure, sacre, maudit le sort et les Arabes absents qui n'en peuvent mais. Au besoin il s'arracherait les cheveux s'il en avait. Quant à sa belle barbe, il y tient trop pour la toucher.

— Je ferai un tambour de ta peau, dit-il à l'une des bêtes qui s'arrête court, remue la queue et refuse nettement d'avancer. Les coups qui pleuvent sur elle sans compter les mots énergiques que notre conducteur lui distribue par-dessus le marché, malédictions et jurons, rien n'y fait, elle ne bouge pas. Impossible de communiquer aucune énergie au vieux carcan. Entêté comme un âne, il persiste à ne pas vouloir marcher, et pour accentuer son refus, il finit par se coucher à terre.

Nous voyons bien qu'il lui faudrait un bon picotin d'avoine. Un sac vide ne peut se tenir debout.

Notre postillon descend alors de son siège. Le fouet crépite comme une mitrailleuse.

— Si tu restes ainsi, je vas te mettre le feu sous le ventre pour te relever.

Le pauvre fourbu a-t-il compris? Je l'ignore, mais il fait un effort, se balance et se redresse.

Dire que nous repartons comme l'éclair serait une véritable antithèse avec la réalité. Après quelques tours de roue, notre attelage s'arrête de nouveau.

Pitancier rugit :

— Tonnerre de... Charognes... Sacrés... Bougres de... Fils de...

Le lecteur mettra lui-même, à la place des points, les terribles jurons qui sortirent de sa bouche mais qui s'arrêtent au bout de ma plume.

5 *heures.* — Deux chevaux frais arrivent de Bou-Saada. Ils vont renforcer nos tristes haridelles. Nous avons maintenant un attelage à quatre. Mais quels harnais ! des cuirs pourris, des tronçons de courroies renforcées par des cordes. Au bout d'un quart d'heure tout casse. Nouvel arrêt. C'est à s'écrier comme dans les mélos de l'Ambigu : « Qu'avons-nous donc fait au bon Dieu ! »

Quel voyage dans ce sol mouvant ! Allons-nous échouer au moment d'arriver au port ! La nuit viendra bientôt. Puis Pitancier n'est guère encourageant.

Sa colère se déchaîne. Plus que jamais il invective ses deux rosses de M'sila.

— J'vas te saigner sur place, crie-t-il à l'une qui mollit. Je te ferai ton affaire à mon retour, hurle-t-il à une autre qui trébuche.

En effet notre position est critique, perdus au milieu de ces dunes d'une poudre si légère qu'elle pénétrerait à travers la coque d'un œuf. Soulevées par le vent des traînées de sable se dressent comme des linceuls puis retombent en une buée fine qui nous aveugle et nous étouffe.

Arriver à Bou-Saada nous semble un rêve impossible à réaliser.

Enfin, ô bonheur inespéré ! dans une échancrure de la montagne se détachent une ligne blanche, puis une masse grisâtre. La voilà, enfin, l'oasis que depuis si longtemps attendaient nos regards désespérés. Un cri s'échappe de nos poitrines : c'est le refrain d'une chanson connue, sur l'air de *Nicolas* :

. . . . . .

Bou-Sâda ! Bou-Sâda !
Ah ! Ah ! Ah !

C'est le retour à la vie. Des naufragés ne sont pas plus heureux quand, de leur radeau, ils aperçoivent à l'horizon un navire qui pourra les prendre à son bord. Sauvés ! mon Dieu ! à la rigueur, nous ne redouterions plus de faire le reste du trajet à pied.

7 *heures.* — Une heure après nous longeons un oued qui coule en gazouil-

lant sa joyeuse chanson. Nous arrivons au but tant désiré par un merveilleux coucher de soleil qui jette sa poudre d'or sur les dunes de sable. On dirait d'un glacier éclairé par les lueurs rouges d'un incendie. Sur les

Alpes et sur les Pyrénées, je n'ai jamais vu une lumière plus radieuse. Hélas elle s'efface et tourne vite à la couleur violette.

Il faut maintenant traverser le lit de la rivière parsemé de cailloux. Nous passons devant un groupe de femmes qui lavent. Pitancier lance ses chevaux, l'eau les rafraîchit, ils se sentent au terme de leurs fatigues et font un dernier effort. La difficulté de la berge est vivement surmontée.

Une verdure exubérante borde maintenant la route. Sur des palmiers grimpent des enfants en s'aidant des pieds et des mains à la façon des singes. Ils veulent voir passer les naufragés. Nous faisons événement et nous sommes un spectacle curieux. Depuis longtemps, on a signalé notre détresse dans le Hodna et notre arrivée prochaine à Bou-Saada était impatiemment attendue.

V

BOU-SAADA

Peu solennelle, notre entrée dans la ville qu'aimait tant l'émir Abd el kader si el Achem. Le canon ne tonne pas. Aucune autorité pour saluer un défilé

triomphal. Absence complète de chefs avec les clefs de la ville sur un plateau. Les femmes ne font entendre aucun joyeux you-you ! Au contraire les Arabes regardent avec mépris notre triste équipage. Il longe des murs de terre et de cailloux, gravit une rue et s'arrête sur la grande place devant l'hôtel de ville. Et cependant bien peu de touristes parviennent jusqu'ici, à part quelques Anglais errants, sans domicile, en quête d'impressions nouvelles et que les difficultés du voyage n'arrêtent jamais.

Les chambres qu'on nous donne à l'hôtel du Sud sont dans un corps de logis bas, au fond d'une cour.

Il est près de huit heures. On nous sert à dîner. Mais c'est plutôt la soif que la faim qui nous dévore. Pour nos débuts, l'eau du cru nous paraît suspecte. Nons réclamons de l'eau minérale. Il n'y en a pas. Il faut solliciter du cercle militaire quelques bouteilles de Vichy. Avec notre soif inextinguible, le temps d'aller les quérir nous semble bien long. Sous nos dents craque encore le sable du désert.

Après le dîner, nous prenons le frais sur la terrasse de l'hôtel, en face de la grand place du Marché. Près de nous sont déjà installés deux médecins aide-majors militaires, pensionnaires attitrés de l'établissement. Pendant que nous dégustions notre café avec délices, arrive soudain le caïd Mohammed ben Dif, prévenu par une missive du sympathique général Humbert Droz, chef de l'état-major d'Alger. Il est accouru à franc étrier pour accueillir, selon les lois de l'hospitalité arabe, les amis de ses amis.

Sur un cheval hors ligne, dont il doit posséder la généalogie attestant sa noble origine, il a une grande allure; ce chef dans son costume superbe, avec un burnous rouge, pardessus sa gandoura et son seroual. La brime, corde en poils de chameau, s'enroule autour de son turban. Il est chaussé de mests (bas de cuir rouge), son chabir (éperon) a une seule et longue pointe pour labourer les flancs de sa monture.

Mohammed ben Diff jette ses rênes à un Arabe, descend de cheval, vient à nous et fait sa présentation lui-même, d'une parole douce et caressante. Beau type africain solidement charpenté que ce caïd ! Le teint bronzé, la figure fine, les yeux vifs. La conversation s'engage. Il parle le français à merveille. Tout de suite, il invite les dames à faire une visite à la Marabouta Zineb, dont il se fait fort d'obtenir la voiture pour nous conduire à la Zaouïa. Pas besoin d'insister ; séance tenante cette perspective séduisante est acceptée par nous avec reconnaissance.

Le bruit de notre arrivée s'est vite répandu dans Bou-Saada. Le caïd El Taieb ben Mohammed ben Kouïder et le cadi Si Mohammed Tahar ben El Hadj Ali, autorités indigènes de la ville, nous entourent déjà.

Peu de temps après, se présente le lieutenant Armaing, également avisé par notre ami Humbert Droz. Cet officier distingué, aimable et complaisant, nous offre ses bons offices pour visiter la ville et les environs. Nous voilà assurés d'une bonne escorte et d'un entourage dévoué. Nous ne manquerons pas de prestige vis-à-vis des indigènes.

Maintenant c'est un vrai palabre. Nous nous installons en demi-cercle sur la terrasse devant des boissons fraîches. Ce n'est guère le moment d'étudier les problèmes de l'assimilation, aussi nous nous abstenons d'exprimer devant ces indigènes notre conviction qu'avec de la persévérance l'Algérie se fera d'elle-même et de leur affirmer que partout le temps transforme les mœurs et les croyances.

La conversation roule sur un autre sujet non moins intéressant pour des touristes.

Le caïd Mohammed ben Kouïder est un érudit, je lui demande quelle est l'origine de Bou-Saada. Il me raconte la légende qui a cours dans le pays.

— Très souvent, dit-il, les nomades, épuisés par la marche, s'arrêtaient pour se désaltérer au bord de la rivière qui descend des monts des Ouled-Naïd. Ils y plantaient leurs tentes. C'était une station bien connue. Vers le sixième siècle de l'Hégire, le chérif Sliman ben Rabia et les talebs Si Tamer et Si Deïm, séduits par la beauté du site, se décidèrent à y construire une mosquée et à y faire souche. Mais comment nommer ce beau lieu ? se demandèrent-ils un jour qu'ils se promenaient ensemble. En ce moment, une négresse passait. Elle appela sa chienne : Saada ! Saada ! (Un mot qui veut dire *heureuse !*) Ce fut un trait de lumière. Ils résolurent d'appeler la nouvelle cité Bou-Saada, deux fois heureuse, *Bou* voulant dire paire.

— Est-ce bien authentique ? demanda le lieutenant Armaing. J'avais entendu dire que Bou-Saada signifiait simplement un endroit de bonheur.

— Si Tamer, continua le caïd, s'adonna à l'étude du Koran et à la contemplation des astres : il montait sur un minaret et plongeait ses regards dans l'azur étoilé...

— Comme nos astrologues du moyen âge ! interrompis-je, au temps des mystères des mondes célestes...

— En bon marabout, me répondit le caïd, il vivait toujours en prière...

— La vie contemplative de nos religieux, répliquai-je.

Le cadi Ben El Hadj Ali, ne voulant pas rester muet, ajouta : « Les chefs descendent de Sidi Deîm et les Akaches de Sidi Tamer. »

Il se faisait tard. Seize heures de route, par une chaleur suffocante, avec des péripéties émouvantes, alourdissaient nos répliques. Il nous fallut bientôt quitter nos hôtes pour prendre un repos bien mérité.

30 avril.

Il aurait peut-être fallu rester douze heures au lit pour réparer l'arriéré, mais par habitude je me suis réveillé à cinq heures.

Pendant que je m'habille, je contemple avec une amère défiance une vieille lithographie du temps de la conquête, représentant les mésaventures d'un colon algérien aux prises avec les nombreuses variétés des insectes et des reptiles de la terre conquise. Mais Bou-Saada fait exception. Tous nous avons dormi d'un sommeil de plomb sans nous servir des insecticides Vicat, dont nous nous sommes munis. Précaution inutile, aucun insecte ne s'est mis la nuit en campagne. Ici, pas de puces cruelles comme celle de Mme Desroches ! Pas de hideuses punaises, infects habitants des lits, aux instincts carnassiers, qui se laissent choir sur le visage des dormeurs ; pas de ces moustiques, altérés de sang, qui vous donnent la fièvre avec le plus intolérable des prurits. Pas de cancrelats, *vulgo* cafards, rebuts de l'espèce des vermines ; pas de serpents se cachant perfidement dans les cabinets et apparaissant au moment le plus inopportun.

Non, mais en revanche une terrible inquiétude, le scorpion livide, dont se rient les Aïassaoua, et dont le venin, caché dans la queue, foudroie les pauvres Européens, sans épargner les chiens et les bourricots. La chose n'a rien de folâtre. Aussi, en gens avertis, chacun de nous, avant de se coucher, a dû prudemment regarder dans son lit pour s'assurer qu'un intrus de ce genre ne s'y est pas glissé. Aucun de nous n'est devenu la proie du reptile qui a eu, bien à tort, les honneurs de figurer dans les signes du Zodiaque.

A ma sortie de l'hôtel le soleil darde déjà ses flèches d'or sur la grande place entrevue la veille et qui porte le nom du brave colonel Théodore Pein, commandant supérieur du cercle de Bou-Saada, installé par le général du Barail en 1850. Le colonel Pein est une figure historique du pays. Sorti des rangs, arrivé en Afrique en 1850, il conquit tous ses grades à la pointe de l'épée. On a de lui des *Lettres familières sur l'Algérie*, où il raconte ses campagne. A la fin de 1849, il sut déjouer les complots du marabout Ben Chabira, en correspondance continuelle avec Bouzian, le défenseur de Zaatcha. A cette époque, Bou-Saada était en fermentation, tout prêt à se soulever, à cause des rivalités des Ouled-Athya du haut quartier avec les Mouamia du bas quartier. Le colonel Pein fit revenir le calme dans la région ; il n'avait cependant qu'une petite garnison pour déjouer les rebelles. Ses récits, écrits d'une façon humoristique, passionnent. Plus d'une fois, avec une poignée d'hommes, il alla relancer jusque dans leurs repaires des tribus retranchées en des positions inaccessibles. Il mourut à Villeneux, le 12 janvier 1892, à quatre-vingt-deux ans.

Les constructions de la place furent commencées par les sapeurs du génie, laissés à Bou-Saada par le colonel du Barail, à la fin de 1849, en revenant de Zaatcha. Elle est très curieuse cette place. Tout y est saharien. Le mouvement s'y concentre. C'est là que s'arrêtent les caravanes du Tell et de la Kabylie, avec des chargements de blé et d'huile d'olive, qu'elles échangent contre les dattes savoureuses de la région. C'est là qu'après leur traversée du désert, s'accroupissent les méhara, venant du Sud, pour laisser les femmes sortir de leur bassour, recouvert de haoulis rayés de rouge et de blanc. C'est là que les Arabes de la montagne retrouvent leurs amis ; il faut les voir se prodiguer des marques de tendresse, se donner l'accolade, baiser le bas des manteaux des marabouts et prodiguer les « ouach halek » ; alors que nous nous bornons à nous dire simplement bonjour

et à nous serrer la main. C'est là qu'aiment passionnément dormir à la belle étoile, enveloppés dans leurs burnous blancs, bruns, noirs ou gris, les lazzaroni du pays, à qui un rayon de soleil suffit pour vivre. Ces nombreux va-nu-pieds, car les Arabes marchent toujours pieds nus, se contentent de la semelle de la nature ; elle ne s'use pas et ne coûte rien. Et cependant on fait de belles chaussures à Bou-Saada. Elles sont célèbres les bottines des cordonniers bou-saadiens. C'est une sorte de cothurne antique, en cuir vert, à pointe rabattue en avant du cou de pied et piquée de broderie en soie jaune.

Au centre de la place, une fontaine rafraîchissante, autour de laquelle se groupent les porteuses d'eau, Rébecca du pays. Des étalages un peu partout, par terre. J'y trouve un lot d'arreck en étain pour 1 fr. 75 et deux poignards pour 4 francs pièce. En face de l'hôtel, les boutiques sombres avec leurs mozabites, trafiquants dans l'âme, quincailliers, épiciers, droguistes, marchands de tabac, vendeurs de ces couteaux effilés pour raser, que j'avais pris au tragique. La boutique d'un mozabite est un assemblage de produits hétéroclites, gargoulettes espagnoles, étoffes bariolées, soies de Tunis, cruches d'alfa tressé, chasse-mouches en fibres de latanier, bourses en cuir, matraques, brodequins indigènes, tapis aux éclatantes couleurs, tissés par les femmes de la région ; en un mot, ces bazars vraiment sahariens ne ressemblent guère à ceux des rues d'Alger ou de Tunis aux expositions universelles. On y trouve cependant toutes les camelottes européennes. Il est comme partout le même, le marchand mozabite, court, trapu, replet, à la figure pâle, encadrée d'une barbe noire, habillé d'un sac troué pour le cou et les bras, sous lequel s'agitent, ses jambes velues comme celles d'un satyre.

Les usuriers juifs, mercantis, prêteurs d'argent à la petite semaine, qui obligent à 100 p. 100, se donnent aussi rendez-vous sur la place, les jours de marché ; ce sont les banquiers du pays. Dans leurs mains, le douro fait la culbute, c'est-à-dire que s'il en sort un de la poche, on est sûr qu'il y rentrera double. Aussi ce prêt porte-t-il le nom bien trouvé de douro-bécoub (douro double).

C'est aujourd'hui dimanche ; les

dames comptent aller à la messe dans la petite église construite dans une rue qui tombe perpendiculairement sur la place. Pendant qu'elles remplissent leurs devoirs religieux, je décide d'employer mon temps à faire connaissance avec les autorités de la ville.

Bou-Saada est le centre d'un commandement militaire qui relève de la subdivision de Médéah et de la division d'Alger. Je vais présenter mes civilités au commandant du cercle, M. Marignac, officier supérieur, et à M. Darnaud, chef du bureau arabe, installés tous les deux dans les vastes locaux de l'administration. M. Marignac me donne rendez-vous au cercle militaire pour m'en faire les honneurs. Dans nos villes françaises, le cercle militaire n'est qu'un cercle comme les autres. Ici c'est le quartier général français, un coin charmant, paraît-il, petite oasis dans la grande oasis des palmiers. Des arbres superbes ombragent cette demeure, où les étrangers en route pour le désert reçoivent toujours le plus cordial accueil.

Dans la conversation, le commandant m'annonce que le tueur de vipères Bel Abbès doit rentrer aujourd'hui. Il espère pouvoir nous offrir tantôt le spectacle d'un combat entre un ouranne et une vipère à cornes; *Great attraction*, comme disent les Anglais. Divertissement peu ordinaire et qu'un hasard heureux nous offre à point nommé.

— Je me réjouis de cette bonne fortune. Je n'ai jamais rien vu de semblable, dis-je à M. Marignac; j'en suis resté depuis longtemps à un combat de coqs à Grenade, qui passionna beaucoup le public espagnol.

Puis je prends congé. Je vais rejoindre ces dames à l'église où j'arrive pour la sortie. Peu de monde. Cinq dames en tout, probablement des femmes de fonctionnaires ou de militaires. Pas beaucoup de zèle religieux à Bou-Saada. Mais y a t-il cinquante catholiques qui pratiquent, noyés dans la masse fanatique des Musulmans?

A la sortie de la messe, nous flânons sur la grande place de Bou-Saada, rendez-vous en plein air adopté comme partout. Que de gens avec des lunettes bleues! comme les maladies d'yeux paraissent fréquentes ici! Cela provient sans doute des vicissitudes de l'atmosphère. Les Arabes ne paraissent pas plus y échapper que les Européens. Souvent même, la misère aggrave les ophthalmies qui, avec des granulations, deviennent purulentes. Chaque pays a sa maladie, suivant son climat et sa latitude : la phtisie dans le Nord, les rhumatismes dans le Midi et les fièvres paludéennes un peu partout sur le littoral.

Un tour de promenade sous les galeries où sont rangées les boutiques déjà décrites, avec station dans un petit café pittoresque, tapi à l'angle des arcades. Nous y prenons un thé arabe très parfumé. Trop de sucre ou trop de miel. Ce n'est pas pour me plaire. Mais les Russes qui aiment tant le sucre seraient séduits par ce thé. Il ne vaut pas cependant celui de leurs caravanes.

L'éloignement de ceux qu'on aime

est un des soucis du voyage. Un besoin impérieux de rapprocher les distances se manifeste souvent. Il est difficile de résister au désir d'adresser brièvement un souvenir aux absents. Aussi nous entrons au télégraphe. Nous

éprouvons une vraie joie à envoyer une dépêche à nos amis pour les assurer que nous ne prenons pas un plaisir sans penser à eux.

Mon aimable compagnon de voyage, M. Paul de Cazeneuve, désire à son tour faire ses visites officielles. Je l'accompagne chez M. Desalbres, receveur des Contributions, l'homme le plus obligeant du monde qui tout de suite se met en quatre pour nous être agréable. C'est un Marseillais plein de verve. Le climat du Sud algérien ne l'a pas anémié. Son exubérance méridionale déborde sans cesse. Il veut nous montrer la ville qu'il connaît à fond. Il prend son casque et son bâton. Nous sortons.

La promenade s'annonce bien. Dès le détour du premier chemin, il faut enjamber par-dessus une femme étendue à terre ivre-morte. M. Desalbres prend prétexte de cet incident pour nous exposer sa théorie concernant l'assimilation. D'après lui, ce problème jusqu'ici insoluble serait facile à résoudre. Faire distribuer gratuitement du vin à tous les Arabes ; ils ne tarderaient pas à en boire et à en prendre l'habitude. Le jus de la treille relèverait leur constitution affaiblie par la mauvaise eau. Ce serait la ruine du Coran. Ce serait l'écroulement du mur élevé entre les chrétiens et les musulmans.

Je ne peux m'empêcher de rire de ce moyen évangélique, renouvelé des noces de Cana, mais bien digne d'un Marseillais spirituel qu'il ne faut pas toujours prendre au sérieux.

Nous allons d'abord au quartier juif. Même aspect qu'à M'sila, mais moins sordide. Au fond, la population est aussi lamentable. Elle est fort anciennement venue dans

le pays. Aussi a-t-elle aujourd'hui les mœurs et les coutumes arabes. Dans la rue de Rouville, qui donne sur la place du colonel Pein, des femmes nonchalantes, déformées par la graisse, qui débordent dans leur melhafa rose, étalent au soleil leurs scrofules constitutionnelles. Nous croisons des femmes ; quelques-unes jolies, mais d'autres, vieilles, ridées, au bec crochu, au menton de galoche, aux yeux enfoncés dans l'orbite. Agar, Rachel ou Bethsabée ne reconnaîtraient pas leur descendance.

Dans la rue, un essaim d'enfants aux yeux rouges et larmoyants, grouillants et déguenillés, avec des cercles d'or à l'oreille. Chétifs et mal venus, ils crient et jouent.

C'est ici qu'habitent les orfèvres. Ils ont tous le type sémite avec leur appendice nasal et leur barbe biblique. Ils se tiennent dans de petites échoppes à l'ombre des auvents. Après de longs débats, j'achète chez eux quelques bijoux. Bientôt cette nouvelle se répand. Alors, sur le pas de leurs portes, tenant leurs nourrissons, les femmes elles-mêmes m'offrent leurs bijoux : Médouar (broche ronde), men-

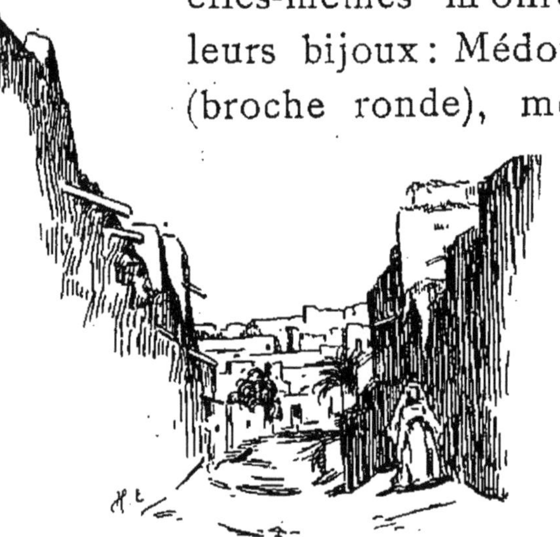

gach (crochet de chaîne), bzaim de forme ronde. Il est prudent de marchander beaucoup pour ne pas être refait. On s'aperçoit cependant à la fin que je m'y connais un peu et on ne cherche plus à me tromper.

De chaque côté de la rue de Rouville, débouchent des ruelles qui grimpent au quartier arabe ; étroites, elles serpentent comme un labyrinthe. Des femmes en haillons passent près de nous, courbées sous le poids des outres de peau de mouton qu'elles portent sur le dos, en faisant le contre-poids avec une lanière de cuir. Des enfants vous persécutent de tous les côtés, tendant la main en psalmodiant d'une voix monotone :

— Donne un sou, M'sieu !

Nous recueillons de ces aménités dites en arabe que je saisis au passage :

— Chrétien ! fils de chien !

Ah ! l'assimilation dont on parle tant, quand se fera-t-elle ?

Dans ce point stratégique, fortifié par le capitaine Faidherbe en 1840, la plupart des maisons d'avant la conquête sont bâties en toub ou briques séchées au soleil et reliées par de la terre, servant de mortier. Les toitures sont faites de djerid, hautes branches de palmiers, soutenues par des poutres d'arar (chênevrier), ou par d'autres branches de palmiers, dont la faible résistance courbe sous le poids des roseaux qui, chez nous, servent à fixer les plâtras des plafonds. On met dessus une couche de terre détrempée : cela remplace les tuiles.

Les portes, faites également de madriers de palmiers, sont lourdes, épaisses, massives.

Les serrures, en bois, se composent de dents de peigne ; cependant, la serrure en fer domine, avec des clefs de vingt-cinq centimètres, que l'Arabe suspend souvent à son cou par une lanière rouge et dissimule sous sa gandoura pour lui servir à l'occasion d'arme défensive, à l'instar de nos casse-tête.

L'habitude est de tenir les maisons closes ; il y a l'inévitable vestibule (mesria), où l'on reçoit, sur un banc de pierre, les amis qui, souvent, prolongent leur visite dans d'interminables causeries. C'est une mode orientale et méridionale, qui se rencontre dans tous les pays de plein air. Un coin, réservé aux ablutions, témoigne des soins hygiéniques, prescrits par le Prophète, et des échelles de meuniers complètent l'ameublement de la cour intérieure, dépourvue d'arabesques

On pénètre de là dans une niche qui sert de chambre, véritable four l'été, dans ces régions torrides. Malgré l'absence de tuyaux de cheminée, il est indispensable, pour la cuisine, de faire du feu. La fumée alors s'échappe comme elle peut, par la porte, qu'on laisse ouverte

en ces occasions. Les yeux ne peuvent faire autrement que de pleurer. Au bout d'un certain temps, les murs sont noirs et les gens riches les blanchissent de temps à autre à la chaux.

Çà et là, à la dérobée, nous regardons dans quelques cours. Nous assistons ainsi aux préparatifs culinaires de la famille. Des négresses allument le bois ; d'autres prennent dans le mézoued (sac en peau) la farine et la placent dans la guessa, grand plat en bois, pour la rouler sur la paume de la main. C'est ainsi qu'on fait le couscouss. Les ménagères pauvres, qui n'ont pas de négresses à leur service, mettent elles-mêmes la main à la pâte : elles font le repas avec des boulettes (rouinas), composées de farine mélangée de son. Plus de son que de farine, dit-on, en tout pays, de la nourriture du pauvre. Les femmes confectionnent aussi des galettes de farine d'orge, très appréciées des indigènes.

Nous plongeons, chemin faisant, par flânerie et par curiosité, dans des emplacements plutôt rebutants, où la propreté est complètement inconnue. Les animaux font partie intégrante de la famille. Les tas de fumier abondent. Tant que l'odeur n'incommode pas, — et nous, elle nous incommode, car nous n'y sommes pas habitués, — on laisse les immondices à leur place. On ne les enlève qu'à la dernière extrémité, quand bêtes et gens ne peuvent plus y tenir ; et encore les chiens, comme à Constantinople, sont-ils chargés en partie de cette mission naturelle et facultative d'assainissement. On retrouverait ici le souvenir biblique de Job sur son fumier. La vermine vit à l'aise. C'est une chasse interdite. L'argent manque peut-être, la vermine jamais. C'est le cas d'invoquer Mahomet et les sages préceptes du Coran, que l'on a l'air d'ignorer dans ces cloaques.

De ce cercle d'enfer, notre obligeant cicerone, M. Desalbres, nous tire pour nous faire passer à des visions grandioses et célestes. Il nous conduit à la caserne des condamnés militaires, située au sommet de la ville, d'où la vue s'étend sur Bou-Saada, située en arrière de la ligne du Tell, bâtie en amphithéâtre aux pieds des derniers contreforts du Jebel-Messad, sur les confins des tribus du Hodna, à la limite nord des monts de Ouled-Naïl. Plus bas, les maisons de Bou-Saada s'échelonnent en pente entre deux collines, le Kerdada et le Batten, formant une vallée au fond de laquelle coule l'Oued-Benouas.

Cette riche oasis de Bou-Saada,

la reine du Hodna, conquise depuis 1840 par le général Daumas, est érigée en chef-lieu de cercle militaire depuis 1850. Ce ksar a six cents maisons pour six mille habitants. Là, comme partout ailleurs, l'infériorité numérique de notre nationalité est affligeante. A

peine compte-t-on, depuis le dernier recensement, 135 Français sur 72 Maltais, Espagnols ou Italiens, 359 israélites et 5.000 musulmans, Arabes, Tunisiens et Marocains.

C'est une île de verdure que nous apercevons au milieu d'un océan de sable, où les jardins de palmiers, vus de haut, constituent une ondoyante forêt, qui réunit l'utile à l'agréable. Le palmier n'a pas été répandu et prodigué là, uniquement pour l'agrément et l'ornement des promenades publiques et des propriétés privées. Il rapporte gros, ce monocotylédone à la colonne élancée, couronné d'un bouquet de feuilles, chanté par Homère, qui raconte que Latone s'appuya sur son style grêle pour donner le jour à Apollon. Aussi est-il l'objet de soins cultuels et dévotieux : dans ce pays de fétichisme, on suspend entre ses branches des crânes d'animaux, auxquels on attribue la vertu de procurer une récolte riche et abondante. La terre serait autrement sans valeur. Ici, c'est l'eau qui vaut de l'argent. Il en faut même beaucoup pour baigner les pieds de cet arbre hermaphrodite, dont la tête est constamment brûlée par les ardeurs du soleil.

Ce grand cirque bou-saadien est divisé en quartiers, peuplés par des tribus sahariennes : les Mouamin, les Ouled-Zeroum, les Ouled-Hammeida, les Charfa-Oulad-Sidi-Arkès, les Ouled-Assik, les Ouled-el-Halleng. Souvent rivales, toujours jalouses, elles ne s'entendent guère entre elles. Ce sont des frères ennemis.

Nous nous arrachons avec quelque peine à ce merveilleux panorama pour faire une visite rapide aux mosquées ; celle des Ouled-Attiq n'offre rien de particulier. Au rez-de-chaussée, la petite Zaouïa ; au premier étage, le mirab où se fait la prière. Ce fut jadis un lieu d'asile ; aujourd'hui il ne s'y réfugie que des araignées, chères aux musulmans pour avoir tissé leur toile à l'entrée de la grotte où Mahomet s'était réfugié.

De cette mosquée la vue est également belle. On aperçoit deux Koubas, à l'ouest, celle de Sidi-ben-Athia, à l'est, celle de Sidi-Brahim. Plus près s'étagent les terrasses des maisons de la ville. On dirait de gigantesques escaliers dont les gradins s'échelonnent jusqu'à l'oued. Par les chaleurs écrasantes de l'été, les habitants transforment ces terrasses en un vaste dortoir. Ils se couchent sur un simple cadre, la cedda, et dorment à la belle étoile. Les toiles de nos maîtres orientalistes ont su tirer parti de ce spectacle curieux.

Non loin de la fontaine Aïn-el-Ksar où les fidèles peuvent, par abonnement, faire leurs ablutions salutaires à l'eau chaude et à l'eau froide, se trouve la mosquée du palmier-Djemma, el-Mekla presque moderne par ses nombreuses restaurations. Elle n'est intéressante que grâce à sa belle terrasse et de cette île de verdure qu'est Bou-Saada au milieu d'un océan de sable, on peut jouir d'un paysage merveilleux. Dans le fond se découpe la croupe des montagnes bleuâtres dont les pieds s'enfoncent dans les sables brûlants de Holna. Au loin, les petites cases du désert où nous avons fait halte. A l'horizon, M'sila que nous avons quitté la veille. De notre poste d'observation l'aspect général est gai avec des tons clairs, blancs, jaunes, roses et verts lorsque les palmiers tachent le paysage.

La chaleur devient intolérable. Nos costumes de drap nous pèsent horriblement. M. Desalbres toujours obligeant me conduit chez une brave femme, ancienne cantinière, qui tient un magasin d'habillement, et je me paie, pour la somme de dix francs, un complet militaire en coutil gris : une veste droite boutonnant jusqu'au col ce qui permet de supprimer la chemise, et un ample pantalon à plis très larges, serré à la cheville, comme en portent nos officiers d'Afrique.

Je suis enchanté de mon emplette qui me sera d'une grande utilité. Je vais, à l'instar des coloniaux, pouvoir braver la chaleur.

La fatigue nous prend. Nos jambes crient merci. M. Desalbres nous ramène à l'hôtel. Sur la route passe un marchand de tapis, tissés par les femmes du pays. J'achète un sac à deux poches qui servent de fonte aux Arabes à califourchon sur leur âne. Ce spécimen aux couleurs éclatantes de l'industrie locale me coûte vingt francs. Je crois que je me suis fait un peu voler.

Après dîner, le lieutenant Armaing nous a réservé le bal arabe comme distraction de haut goût. Il est à deux pas de l'hôtel. Un tenancier juif, moyennant cinq cents francs par mois loue la salle de danse et ses dépendances anacréontiques.

Bou-Saada a pour les Arabes la réputation d'offrir un avant-goût des délices du paradis. Le harem est tenu en partie double. On nous introduit dans une salle basse et longue, éclairée par des lampes fumeuses, garnie de bancs de bois, auxquels on ajoute des chaises par égard et par respect pour notre compagnie. On a même l'attention délicate, le sol n'étant que de la terre battue, de jeter quelques tapis sous nos pieds.

Nous sommes dans un bal de barrière. On se dirait à celui de l'Ecole Militaire, avec son public de soldats. Des Arabes se drapent impassibles dans leurs burnous d'où s'échappe une odeur *sui generis*. Les expositions universelles et les spectacles populaires qu'elles entraînent avec elles nous ont accoutumés, depuis, à ces sortes d'exhibitions.

L'orchestre est primitif. Un nègre souffle sans respirer dans la rhaïta, trompette au son aigu. Un Arabe bat de la grosse caisse sur un sandouck ; un autre fait résonner sourdement la peau mince et tendue d'un bendir qui ronfle comme un tambour de basque.

Toute cette musique fait rage, lorsque le kaouadji, tenancier de l'établissement, bousculant la cohue, ouvre un passage aux danseuses. Attention ! voilà la fête qui va commencer. Ces pauvres gitanas, destinées, dès leur enfance, à cette étrange carrière, auraient intéressé Gérard de Nerval ou Théophile Gautier. Accordons-leur un coup de pinceau.

Les Naïlia ont les pommettes peintes avec de nombreuses mouches noires ; les yeux sont avivés par le khol et ombragés de cils longs et soyeux. Le maquillage va jusqu'à des tatouages couvrant une partie des bras, laissés à nu. Ces malheureuses bayadères, peut-être jolies, se convertissent en affreux pastels pour les besoins de leur profession.

C'est pour toutes la même parure : longs colliers, chaînes de sequins, aux poignets des bracelets, autour des oreilles des grands pendentifs. Une haute coiffure s'élève au-dessus de la figure encadrée de fausses nattes noires et tressées.

Un léger voile est fixé aux épaules des danseuses ; elles ont à la ceinture un miroir entouré de filalis. La robe le plus souvent blanche est ample et longue, serrée à la taille par une ceinture rouge, jaune, bariolée.

Elles apparaissent une à une, défilent lentement devant nous avec une gravité hiératique: d'abord, elles semblent marcher en rêvant, s'étirent comme déjà lasses, puis paraissent solliciter des personnages invisibles.

Leur façon de retourner les mains rappelle, avec infiniment moins de grâce et de volupté, ces petites danseuses javanaises, qui eurent tant de succès à l'Exposition de 1889. Tout en dansant les Ouled-Naïl se voilent la figure de leurs bras et préludent au poème de l'amour mimé par quelques déhanchements suggestifs, sans que jamais le visage impassible s'illumine des flammes de la passion. Peu à peu, tout leur corps s'agite ; les bijoux tressautent autour d'elles ; le ventre se met à rouler avec frénésie, puis, brusquement, le mouvement change. Deux ou trois secousses tumultueuses se produisent de bas en haut : c'est le spasme de la fin.

Tout le monde connaît cette danse du ventre ; mais j'ai vu mieux que cela comme rotation du nombril ; c'était dans le grand café du Ksar de Boghari. Quelquefois les Ouled-Naïl y dansaient deux à deux, elles se prenaient la main, balançaient les bras, ondulaient le corps, en se voilant la figure.

Dans ce long boyau, mal éclairé par des lampes à huile de pétrole suspendues au plafond, la température monte rapidement. Elle devient vite asphyxiante et atroce pour les pauvres gens du Nord que nous sommes. La foule s'entasse de plus en plus, elle envahit l'établissement ; c'est l'arrivée bruyante des amoureux et des fêtards assidus du pays qui sont très friands de ces spectacles. Bientôt on se bat à la porte pour entrer. Le kahouaji ne réussit pas sans peine à refouler le flot des Arabes excités, qui menacent de lui faire un mauvais parti ; il est cependant aidé par ses deux associés, vrais types de souteneurs, un borgne et un Arabe bancal. Quant à notre petite société, elle est en sûreté ou elle doit l'être. La police veille sur nous. L'agent Ben Assis a été mis à nos ordres pour nous protéger. Il ne nous quitte pas.

De temps à autre, les danseuses s'approchent de nous pour recevoir nos félicitations sous les espèces d'une petite pièce d'argent, mouillée légèrement et collée au front. Le lieutenant Armaing nous dit qu'il a fait supprimer pour nous la quête traditionnelle. Un allumeur à l'enthousiasme truqué jette ordinairement des douros aux pieds des danseuses. Il bombarde aussi les musiciens. Les riches étrangers, pour lesquels la fête se donne, suivent géné-

reusement le mouvement. Quant à l'entraîneur, il reprend son argent après la séance. Inutile d'ajouter que l'entrepreneur prélève aussi sa part sur la recette sérieuse.

En somme, très curieux, très varié, très original, très couleur locale ce spectacle ; mais hélas ! les pauvres filles, dont les Arabes, amoureux de lumière et de bruit, raffolent, parce qu'elles dansent, ne savent pas danser. Elles ont des attitudes voilà tout et ce n'est, en résumé, qu'une suite de poses mimées qui attirent la foule et excitent les sens.

Le lieu de délices des Arabes est décidément pour nous un lieu de supplice. Nous étouffons. De l'air ! De l'air plus pur dans nos poumons ! Les parfums sahariens nous écœurent. Il faut pour sortir qu'on nous fraye un passage parmi les indigènes. La rentrée à l'hôtel s'effectue cependant sans encombre. Avant de regagner nos gîtes nous prenons sur la terrasse quelques rafraîchissements avec Moussad, marabout célèbre, et le lieutenant de spahis Moktar ben Hassen.

VI

LE TUEUR DE VIPÈRES

Bou-Saada, l'oasis aux buissons de rose, la cité des mirages éblouissants, Bou-Saada est en émoi. Sur la grande place des palmiers où se tient le marché, les chameaux aux lèvres lippues restent accroupis, abandonnés à eux-mêmes, près des amoncellements de sacs de blé. Les arcades, les boutiques sont désertes. Personne dans les cafés maures qui débitent le café noir et le thé parfumé. La foule se porte devant le bureau du commissaire de police. Des groupes se forment et s'agitent en attendant le tueur de serpents dont le retour vient d'être signalé. Une caravane l'a rencontré traversant à grands pas les dunes de sable d'or amoncelées comme des remparts autour de la ville.

Bientôt arrive, par la plaine du

Hodna, Sidi Bel Abbès ben Said, le chasseur de vipères sans rival dans le pays. Il apparaît, de loin, comme un triomphateur, suivi, depuis son entrée dans la ville, par une escorte de burnous blancs. Il vient de parcourir les trente-cinq kilomètres qui séparent de Bou-Saada la tribu de Djabel où il demeure. L'attente générale ne sera pas déçue, car il porte sur le dos le butin de la quinzaine : deux sacs de peau de mouton remplis de vipères vivantes, cueillies une à une dans le désert.

Un type curieux ce Sidi Bel Abbès! Petit, rablé, drapé dans son burnous blanc, la figure bronzée, la barbe rase, l'œil vif, intelligent, énergique, reflétant le courage et la résolution dont il a besoin pour le métier dangereux qu'il exerce.

Il ne vole certainement pas les cinquante centimes que le gouvernement lui alloue par tête de vipère et encore impose-t-on une limite à ses exploits, car le crédit annuel est exigu. Il ne doit jamais dépasser la somme totale de cinq cents francs.

On raconte de cet audacieux des traits dignes d'un Spartiate ou d'un Romain des premiers âges, car la chasse est souvent dramatique; quand la vipère a mordu un être humain, la situation

commande une incroyable présence d'esprit. Pas un mouvement d'hésitation. C'est le remède héroïque ou la mort foudroyante.

Comme cela devait arriver, Sidi Bel Abbès a été piqué à plusieurs reprises, mais le ressort de sa volonté, poussé à temps, l'a toujours sauvé. Une fois, il s'est arraché avec les dents un morceau de chair de la paume de la main. Il porte au pouce gauche la marque d'une incision qu'il s'est faite rapidement et qu'il a parsemée de poudre de chasse à laquelle il a mis le feu pour cautériser la plaie.

Autre climat, autres mœurs pour les vipères dorées de la terre d'Afrique. Elles ne viennent pas, frileuses, se chauffer au soleil et s'étendre paresseusement sur la terre, comme les vipères noirâtres de nos forêts de France. Elles attendent, au contraire, que le soleil ait disparu de l'horizon et ne sortent de leur retraite que le soir, à la fraîcheur.

Alors elles rampent toute la nuit, se frottant l'une contre l'autre et laissant sur le sable jaune du désert la trace de leurs anneaux entrelacés. Enfin, à l'aube, lassées de leur longue course, elles s'arrêtent sous des tiges d'alfa ou sous des touffes d'arbrisseaux qui leur servent d'abri contre le soleil. C'est là que le chasseur va les débusquer ordinairement. D'autres fois il les guette à plat ventre, au sortir de leurs trous creusés dans le sable et les saisit au cou avec une pincette quand il n'opère pas, à ses risques et périls, avec la main.

Pour le lion il n'y a eu qu'un Jules Gérard, pour la panthère qu'un Bombonnel, pour la vipère on ne connaît aujourd'hui qu'un Sidi Bel Abbès. Quand il aura disparu — et il chasse depuis douze ans — il est douteux qu'il soit remplacé. Son rôle, malgré l'attrait du gain qu'il comporte, ne suscitera pas, sans doute, l'ambition de nombreux concurrents.

Cependant les Arabes ont fait cercle. Au centre du groupe, en pleine lumière, deux hommes se détachent : un agent de police, spahi indigène au turban blanc et le courageux Sidi bel Abbès.

En habile artiste, ce dernier soigne et ménage ses effets devant le représentant de l'autorité et le public avide d'émotion qui l'entoure avec défiance et le contemple avec admiration. L'intrépide chasseur entr'ouvre d'abord lentement son sac. Dès qu'une vipère, pour en sortir, montre la tête, il la prend vivement à la gorge, la serre comme dans un étau entre ses doigts et l'attire dehors brusquement. Pendant qu'elle se débat, il joue avec elle ainsi qu'un chat avec une souris. Il lui parle, lui adresse des compliments, lui donne des petits noms ironiques. Puis, quand il a bien ri, d'un coup sec de son bâton de voyage, il casse les reins au prisonnier.

D'autres fois, il étale par terre sa victime. Alors les Arabes s'écartent ou fuient, épouvantés. Une pincée de tabac répandue rapidement sur les yeux du redoutable serpent le rend inerte et comme hypnotisé. Alors, d'un coup de talon appliqué vigoureusement, il écrase la tête du reptile maudit.

A cette vue, la férocité des Arabes s'allume. La vieille tradition de l'Islam reparaît. D'après elle, il faut toujours couper la tête de son ennemi pour s'assurer de sa mort. Les couteaux pendus à la ceinture sortent de leur gaine et, sans danger pour les bourreaux, le massacre de la « Bou Lefaa » commence.

Mais il faut penser aux affaires sérieuses. Combien de vipères sont gisantes, éparses sur le sol ? L'agent les compte une à une :

— Deux cent quinze, dit-il.

Et Sidi Bel Abbès, triomphant, s'apprête à passer chez le commissaire de police pour émarger au budget de la colonie la prime à laquelle il a droit, quand un employé du cercle militaire fend la foule et s'approche de lui.

Le commandant de Bou-Saada vient d'apprendre son arrivée. Pour faire honneur à ses hôtes de passage, explorateurs et touristes, il a pensé à leur servir un spectacle peu ordinaire, le duel à mort d'une vipère à cornes et d'un ouranne du désert.

Pour l'organisation d'un divertissement de ce genre, le chasseur de serpents est passé maître. Il fait bien cependant quelques façons, objectant que, depuis plusieurs années, il n'a pas mis aux prises les deux adversaires acharnés. Alors, pour le persuader, l'envoyé flatte son amour-propre, lui promet une gratification. Bel Abbès finit par accepter de diriger le combat.

Il a justement gardé dans son sac, pour ses clients les naturalistes, quelques-unes de ses plus belles vipères grosses, longues et méchantes aussi. Il demande seulement la nuit pour trouver un ouranne de grande taille dans les dunes de sable voisines. La fête aura lieu le lendemain. On nous prévient à l'hôtel de l'heure et du programme. C'est une bonne fortune dont nous sentons le prix.

Au milieu de la masse rose et blanche de l'oasis délicieuse de Bou-Saada, le cercle militaire laisse apercevoir sa façade noyée dans la verdure de grands arbres.

Après avoir franchi le seuil de la maison bâtie à l'européenne, le visiteur, l'œil charmé, s'arrête à l'intérieur devant des esquisses et des tableaux accrochés aux murs et qui font autant d'honneur au goût de nos officiers qu'à la reconnaissance des artistes en voyage, toujours bien accueillis dans cette hospitalière demeure.

Voici, de Clairin, — ô contraste en ce pays brûlant! — un *Effet de neige* brossé avec art, et de Noiré, chaude de tons, l'*Arrivée à Bou-Saada*. Au milieu d'un plat de couscouss taillé dans un tronc d'olivier, Girardet, l'orientaliste, a peint une *Tête de spahi*. C'est un tout petit musée où les artistes voisinent avec les officiers amateurs, Voilà, du capitaine Godet *El Golea* et *Ouargla*, nos postes avancés dans le Sud, une *Ouled-Nail* bien couleur locale par Dinet, une *vue de Bou-Saada*. « Georges Gasti fecit » dans le genre de Rochegrosse. Il est impossible de tout voir, car le spectacle, déjà préparé, réclame bientôt les spectateurs.

La mise en scène est des plus simples. Comme décor, le jardin du Cercle fleuri de roses, parfumé de l'odeur des géraniums, ombragé de palmiers, de mûriers et de figuiers gigantesques. Au milieu, des tables de marbre démontées, appuyées sur champ les unes contre les autres et retenues par des caisses de bois, forment une fosse artificielle.

Les invités, debout, prennent place autour de l'arène improvisée. Les dames ont des chaises sur lesquelles elles se hissent pour mieux voir, et se tenir, par prudence, à l'abri de toute atteinte ; aussi elles préfèrent à des banquettes ces sièges peu commodes, Le commandant de la place, M. Marignac, assisté du lieutenant Armaing préside la séance.

Un vrai public de première représentation — au désert, — et, parmi les grands chefs de la contrée, le caïd ali ben Ahmed ben Diff des Ouled-Khaled au visage bronzé par le soleil. Aimable, distingué, il rit en montrant ses dents blanches tandis que, près de lui, le caïd et le cadi de Bou-Saada causent avec M. Darnaud, le chef du bureau arabe, M. Desalbres, le receveur des Contributions de la région et M. Paul de Cazeneuve, le contrôleur de la Garantie d'Alger,

En attendant qu'on frappe les trois

coups traditionnels, les invités parlent des combats d'animaux dont les Anglais et les Espagnols se montrent très friands : combats de coqs éperonnés d'acier, combats de chiens terriers et de chats géants.

Il est deux heures. Le soleil darde ses rayons les plus chauds. Sidi Bel Abbès, avec une exactitude toute militaire, fait une entrée sensationnelle. Il a pris le soin d'entourer d'une corde solide et longue d'un mètre les reins de l'ouranne de belle taille qu'il vient de capturer la nuit dans le désert et qu'il pose, étonné, dans la piste. Puis il tire de son sac de peau une vipère de grande taille, vraiment choisie parmi les plus redoutables et la lance sur le sable de l'arène.

Avant de se mesurer, les deux combattants se tiennent dans leur coin comme si chacun se trouvait seul. La vipère reste immobile. L'ouranne lui tourne le dos, indifférent. Ni l'un ni l'autre ne paraissent disposés à se mettre dans leur tort en engageant la lutte. Aussi les spectateurs ont-ils tout le loisir pour les regarder, à leur aise et étudier leurs physionomies.

L'ouranne, le premier occupant la piste, est un grand saurien du désert, le « varenus arenarius » du classement scientifique, le « lézard des palmiers» pour le vulgaire. Mesurant plus d'un mètre, aussi inoffensif que son congénère de nos pays, à bon droit surnommé « l'ami de l'homme », bien qu'il s'empresse de s'enfuir à son aspect. Il a de petits yeux vifs et clignotants, bordés de paupières roses, une bouche largement fendue, une carapace grise, terne, quadrillée comme une lime, le ventre blanc, des pattes courtes et fourchues et des ongles pointus et recourbés. Une queue plus longue que le corps se termine en pointe effilée. Les dents nombreuses et aiguës de sa mâchoire le font ressembler à un crocodile en miniature, mais il n'a rien de la férocité du reptile des anciens Egyptiens. S'il fait la guerre au serpent, s'il le dévore même à l'occasion, comme un cannibale africain mange son prisonnier, c'est le serpent qui l'attaque toujours le premier.

En ce moment, il voudrait bien être dehors et retourner à son gîte. Il s'élance, mais en vain. La corde qui lui ceint les reins le rappelle à la réalité en lui coupant la retraite. Le chasseur le ramène brusquement dans l'arène et le condamne à la lutte.

Son ennemie est de la plus dangereuse espèce. Vipère terrible d'Arabie et d'Algérie, le ceraste de Lacépède à la tête aplatie et triangulaire, au museau gros et court, aux crochets incisifs, porte au-dessus de chaque orbite deux petits appendices pointus et allongés, véritables cornes qui peuvent rentrer ou sortir à volonté. Cette vipère cornue a le corps d'un gris jaunâtre, tigré au-dessous. Sa couleur se confond avec la poudre d'or du désert. C'est elle que les Égyptiens faisaient figurer parmi les signes hiéroglyphiques, qu'ils sculptaient jadis sur leurs obélisques et sur les colonnes de leurs temples.

Mais les deux adversaires se retournent et se regardent. Tous les regards sont fixés sur eux. L'instant est solennel. La vipère siffle et, pour mieux donner de l'élan à sa tête, car elle ne bondit jamais, rassemble ses anneaux en spirale comme un ressort de montre. Qui donc a pu dire qu'elle était aveugle et sourde ? L'ouranne darde ses yeux de droite et de gauche. Ses crocs blancs et aigus brillent dans sa mâchoire ouverte. La vipère va s'élancer. L'ouranne ne lui en donne pas le temps. Il fait un bond, saisit le serpent d'un coup formidable de croc et le retient par le milieu du corps.

Excitée par la douleur, la vipère ouvre sa gueule enflammée et, par des évolutions multiples, cherche alors à se dégager et à mordre le lézard, qui bientôt ruisselle de sang, mais ne lâche pas prise, car il veut briser l'épine dorsale de la vipère. Enfin, las et aveuglé, l'ouranne ouvre ses deux mandibules et laisse sa proie meurtrie qui maintenant gît presque morte inanimée sur le sol.

Tout est-il terminé ? Il n'en est

rien. Ce n'est que la première reprise d'un étrange tournoi. Plus curieux que jamais, les spectateurs se rapprochent en attendant la suite de ce duel à mort qui les passionne profondément.

La trêve est courte. L'ophidien perfide se ranime peu à peu ; ce ne sont d'abord que des mouvements spasmodiques. Puis, la haine et le désir de la vengeance lui font retrouver de nouvelles forces. Avec le sifflement strident du paroxysme de la colère, sa tête se redresse, ses deux cornes se hérissent comme deux lances menaçantes. La mâchoire largement distendue laisse voir ses deux crochets perfides d'où s'écoule le venin mortel.

Bientôt le serpent rampe vers son adversaire, s'attache à lui, le mord de nouveau aux parties molles de la gorge et cherche à lui crever les yeux sans pouvoir y arriver. La vipère est vraiment terrible ainsi.

Maintenant le grand lézard du désert palpite sous la souffrance que lui causent ses blessures. Il sent qu'il est à bout de forces et qu'il faut en finir. Il s'éloigne d'abord, puis d'un bond rapide revient à la charge, prend dans sa gueule la tête triangulaire de son ennemi et l'écrase dans l'étau nerveux de ses mâchoires qui se referment.

Le serpent, comme un rat pris au piège, fait de prodigieux efforts pour s'échapper. Il fouette l'air de coups de queue frénétiques. Une nouvelle fois l'ouranne laisse se détendre sa mâchoire et lâche son ennemi. Traînant ensuite lentement son ventre et sa queue sur le sol, il va se réfugier dans un coin. Le combat s'arrête, faute de combattants.

La vipère ne siffle plus, elle souffle avec rage. Le cri de guerre est devenu le spasme de l'agonie. De toutes parts s'élève en sabir la clameur des Arabes.

— L'ouranne y gagne !

Le vaillant saurien, en effet, croit avoir donné le coup de grâce à sa victime. Comme les blessés que la soif dessèche, il sort sa langue fourchue longue d'un demi-pied, et sentant son rôle fini, il fait encore un nouveau bond pour escalader comme tout à l'heure les parois de l'arêne et fuir vers le désert. Mais Sidi Bel Abbès veille. Il l'arrête d'un coup sec de la corde qui le retient toujours captif.

Alors la vipère à demi morte soulève sa tête meurtrie et pousse un dernier souffle de menace. L'instinct de la conservation ressaisit l'ouranne. C'est le dernier acte du drame et le plus court. D'un formidable coup de dent le lézard reprend son ennemi par la tête, le secoue fortement, lui brise ensuite les vertèbres, l'achève en une étreinte suprême, et le rejette avec rage loin de lui.

Cette fois la vipère ne bouge plus. Elle a son compte. C'est un cadavre et déjà des mouches vertes tourbillonnent autour.

La lutte a duré plus d'une heure. Bien que le duel se termine presque toujours par la victoire de l'ouranne, invulnérable au venin, c'est un sport d'une espèce peu banale avec d'émouvantes péripéties.

Pendant que les spectateurs se dispersent échangeant leurs impressions, Sidi Bel Abbès touche le prix convenu. Impassible. Il replace ensuite son sac à vipères sur son épaule et s'apprête à regagner les grandes plaines de sable sans suite par lesquelles il est venu et où de nouveaux dangers l'attendent. Traversant Bou-Saada, le tueur de serpents disparaît enfin. Il va se perdre dans les espaces sans fin et sans ombre où il chasse. Quand reviendra-il? Le reverra-t-on jamais? Le désert ressemble souvent à la mer. Il ne rend pas toujours les hommes qui s'y aventurent.

VII

VISITE A LA MARABOUTA ZINEB

2 mai 1899.

Nous allons à El-Hamel, à dix kilomètres de Bou-Saada. Une jolie légende raconte qu'un thaumaturge errant y vit pousser des feuilles à son

bâton de voyage planté près d'une source où il se rafraîchissait. Cette aventure miraculeuse le décida, il y a quelque mille ans, à se fixer dans le pays.

C'est là que demeure maintenant la marabouta Lalla Zineb, l'idole de la contrée, une puissance avec laquelle compte le gouvernement français. Par un privilège assez rare, il la dispense, dit-on, de tout impôt. Il faut dire que c'est une sainte de l'Islam, qui a hérité des vertus du grand Cheik, son père, Mohammed ben Belkacem, d'origine chérifienne, et aussi de toute son influence sur la puissante confrérie dont il dirigeait les paroisses. Il ne ferait pas bon y toucher. Alors les cinq ou six cents fanatiques qui l'entourent et qu'elle héberge, de paisibles croyants qu'ils sont, se transformeraient en guerriers intrépides et se feraient tous tuer pour elle jusqu'au dernier. Mais qui parle de guerre dans cette région où ne règne aucune pensée de conquête ou d'invasion? L'inépuisable charité de Zineb ne lui crée que des amis. Les grands services qu'elle rend par ses aumônes aux pauvres ne sont méconnus de personne.

Nous quittons Bou-Saada le matin de bonne heure. Quelle différence avec notre attelage de la traversée du Hodna! Ce n'est plus la boîte carrée où, cramponnés aux sièges, nous nous entrechoquions au moindre cahos, tandis que sur certains recoins sablonneux nos roues s'enfonçaient jusqu'à l'essieu et qu'il fallait pousser nous-mêmes le véhicule, mais un bon landau, très confortable, que la marabouta nous a envoyé, avec, sur le siège, un cocher au fez rouge, à la longue redingote boutonnée jusqu'au col. C'est sa propre voiture, traînée par trois mules aux pieds sûrs.

Par prudence, nous avons apporté le matériel de table de notre cantine : fourchettes, couteaux et serviettes. On nous a engagé à prendre ces précautions pour éviter de manger avec les doigts, suivant les mœurs habituelles des Arabes.

Aujourd'hui se tiendra la foire aux chameaux sur le marché hebdomadaire de Rabbat-el-Nouader, le rendez-vous des flâneurs de Bou-Saada. Aussi, au départ, nous croisons sur la route de longues files de pauvres hères en guenilles, les pieds nus ou emprisonnés dans des bottines avachies, qui se dirigent vers Bou-Saada. La plupart conduisent d'étiques bourricots courbant l'échine sous le poids de leurs fardeaux de laine ou de légumes. Quelques-uns, montés sur des chevaux maigres comme des spectres, paraissent les chefs de la caravane.

Ciel bleu pâle, parsemé de nuages blancs semblables à des flocons de coton. Nombreux accidents de terrain; une succession de montées, de descentes et de tournants. Triste trajet contournant deux montagnes dénudées et longeant souvent un oued maigre et à sec. Par moments on se dirait en Auvergne, dans le défilé qui va du Mont-Dore à la Bourboule. Mais l'illusion dure peu. Pas de colonnades de pins ou de bouquets de hêtres, au contraire, une nature aride, indigente, rabougrie, avec, çà et là, quelques buissons de lentisques, des bouquets de cactus, des touffes d'alfa et des massifs de lauriers-roses en fleurs.

Bientôt s'efface, dans un lointain bleuâtre, les terrasses blanches des mosquées de Bou-Saada. Déjà le soleil ardent monte à l'horizon et nous lance ses flèches d'or. Après deux heures de route, au sommet d'un mamelon, et, comme toile de fond, les contreforts d'un massif montagneux, apparaît El-Hamel et la Zaouïa perchée sur une hauteur comme le château fort des Andelys en Normandie.

Au bas de la côte, trop raide à monter pour nos mulets, des chevaux de renfort nous attendent. On en met deux en flèche. Notre attelage, excité par de nombreux coups de fouet, nous hisse, sur une route en lacets, jusqu'au monastère. Nous sommes arrivés.

Le village d'El-Hamel, de l'autre côté du ravin, étale ses terrasses blanches au milieu des palmiers, tandis que, sur la croupe du mamelon, sur l'esplanade et au pied de la forteresse de la Zaouïa, des groupes d'Arabes, immobiles et silencieux, accroupis sous leurs manteaux, lassés sans fatigue, se chauffent paresseusement au soleil. Que n'ai-je le talent du peintre Dinet pour rendre cette scène pittoresque et pleine de couleur locale! Ce sont sans doute les adeptes de la congrégation ou les élèves de

la Zaouïa. Tous paraissent se contenter de vivre d'air pur, de rêver avec insouciance et de contempler l'espace.

Cependant, le cocher Amar a fait passer le landau sous une porte large, profonde et voûtée, à laquelle manque un pont-levis. Il s'arrête enfin. Nous descendons de voiture au milieu d'une vaste cour entourée de hautes murailles presque sans ouvertures.

Accompagné de quelques kouans,

ses frères, l'oukil de la Zaouïa, Mohammed ben Abdallah et le taleb Sidi Aïssia nous accueillent et nous offrent les compliments de la marabouta, un peu souffrante et qui s'excuse de rester dans ses appartements. Elle nous recevra dans la journée, et elle a donné des ordres pour que nous ne manquions de rien en attendant notre entrevue.

Un escalier de pierre, droit ainsi qu'une échelle de meunier, à marches étroites et très hautes (comme dans tous les logis arabes), nous conduit dans les appartements réservés aux étrangers de distinction et aux dames, qui, bien rarement, viennent dans ces parages si difficiles à aborder.

A la suite d'une antichambre très spacieuse, qui sert d'office ou de salle à manger, nous arrivons dans un immense salon, long comme une galerie Des fenêtres aux larges baies donnent au loin sur la campagne, on dirait ces ouvertures pratiquées dans l'épaisseur des murs des manoirs du moyen âge, où la châtelaine des peintres romantiques, assise sur un banc de pierre, guette, au loin, le retour de la chasse de son seigneur et maître.

Le sol est recouvert d'un de ces épais tapis de laine, de couleurs rouges et vertes, qui viennent du Djebel-Amour. L'ameublement n'a rien d'oriental : un divan encombré de coussins et deux lits de palissandre drapés à l'européenne, des chaises et des fauteuils fabriqués par des tapissiers français.

Sur une grande table ronde s'étale une nappe damassée et bien blanche. Le couvert est déjà mis. Rien n'y manque comme dans le plus élégant château : nous avons eu tort de nous précautionner d'un matériel. Nous sommes dans un intérieur français.

Il est vraiment trop tôt pour déjeuner. Une tasse du café traditionnel suffira pour l'attendre. Pendant que nous dégustons la liqueur noire si chère aux Algériens, se présente l'un des plus hauts dignitaires du cloître, le khodja ou grand intendant, Sidi Embarreck ben Regatte. Il se met à notre disposition et attache à nos personnes un jeune interprète à l'œil vif et à la physionomie intelligente.

Mohammed ben Ahmed, tel est son nom, nous guide tout d'abord vers la mosquée où se trouve le tombeau du grand cheik, Mohammed ben Belkacem. Investi de la baraka du cheik El Mokhtar, son domaine religieux s'étendait jusqu'en Tunisie. De son centre d'action, El-Hamel, il fit, dans toute l'Afrique du Nord, édifier de nombreux couvents dans lesquels l'enseignement du Coran, de la théologie et de la langue écrite était donné par de nombreux mokadem, ses lieutenants, les propagateurs de la foi musulmane. Ses prosélytes sont maintenant légion et forment une armée de Kouans qui entretient de tous côtés sa grande réputation de sainteté.

La mosquée est située en dehors de l'enceinte du monastère, à proximité du village d'El-Hamel que le vénéré patriarche a transformé en une oasis entourée de palmiers. Bâtie en pierres de taille, avec de belles arcades mauresques, elle n'est pas achevée malgré les millions dépensés, mais déjà, comme elle est, elle peut défier la destruction des siècles. Depuis vingt-cinq ans, on y travaille. Un architecte tunisien se hâte lentement dans la direction de la construction. A cette splendide kouba viennent prier tous les fidèles et nous remarquons, près de la sépulture, une femme presque en extase, les mains jointes, implorant le ciel, avec les génuflexions et les prosternements du fanatisme oriental.

Une rue qui longe les murs élevés du palais de Zineb, nous mène chez le cousin de la marabouta. Il paraît que le grand Sidi Mohammed ben Belkacem, mort en voyage dans la tribu des Sahari-Ouled-Brahim du cercle de Boghar, à l'âge de soixante-dix-huit ans, n'a pas eu le temps de prendre ses dernières dispositions et de présenter son neveu comme son successeur. De sorte que Si Mohammet ben Hadj M'hamet, sans avoir été déshérité, n'est pas l'héritier légitime du célèbre thaumaturge et son influence n'a pas l'étendue de celle de sa cousine Lella Zineb, bien que celle-ci ne puisse prétendre, comme femme khaouatat affiliée à l'ordre, à dépasser, dans la hiérarchie de la congrégation, le grade de mokademat. Cependant elle est une force, avec un prestige incomparable.

Hadj Mohammed est-il cheik ou simplement mokadem ? Je l'ignore, n'étant pas grand clerc en ces questions de hiérarchie religieuse, si bien traitées dans le remarquable ouvrage de M. Louis Rinn et dans celui de MM. Octave Depont et Xavier Coppolani.

Il habite un petit palais qui, avec sa cour étroite, paraît fort modeste à côté de celui de sa cousine. Entouré de quelques amis et parents, il nous reçoit, avec affabilité, au premier étage de sa demeure, dans une pièce couverte de nattes, avec des armes accrochées sur les murs.

Sans embrasser le pan de son manteau, nous le saluons à la française en soulevant nos chapeaux et nous restons découverts devant lui. Il nous invite alors à nous asseoir dans des fauteuils confortables en rotin qui nous semblent venir directement de Paris.

C'est un savant qui propage la doctrine des Rahmania et délivre les diplômes. Il parle aisément notre langue, avec une prononciation lente et des intonations douces. Au physique, grand, distingué, le nez aquilin, la barbe rase et noire. Très instruit, il a écrit plusieurs livres de théologie et la biographie de son oncle, le grand pontife.

Je lui expose mes recherches sur les bijoux indigènes et je lui exprime combien je serais heureux de voir quelques-uns des siens, me gardant bien de prononcer le nom de ses femmes, comme il est d'usage. En réponse à ma requête, il donne un ordre à l'un de ses fidèles qui revient bientôt avec un serviteur chargé de porter un plateau sur lequel ont été jetés quelques bijoux pris, à la hâte, dans la cassette de la famille. Malheureusement, ils sont pour la plupart très ordinaires. Je les ai déjà vus souvent, sauf une très belle djebine ou diadème en or, à deux rangs de compartiments incrustés de pierres précieuses.

Après des adieux affectueux de part et d'autre, retour au grand palais où le déjeuner est servi. Luxe rare dans le pays : nous avons de l'eau minérale et, de plus, une nuée de domestiques nous entourent, prêts à satisfaire tous nos désirs.

La Diffa est copieuse : un vrai repas pantagruélique.

D'abord apparaît le *Schorba*, un potage à la menthe, vermicelle, tomates et piments rouges ; puis la *Haniss*, ragoût de mouton aux dattes et aux pommes de terre, les *Hemsemen*, crêpes un peu grasses pas sucrées, et le *Couscouss* national parsemé de lupins de raisins secs, et dressé, en dôme de mosquée, sur un plat de bois d'olivier.

Enfin apparaît, doré et magnifique, le plat de résistance, le *Mechoui* enfilé dans une grosse perche. Il arrive, porté sur les épaules de deux maîtres d'hôtel en gandoura, dans la salle du festin.

Ils arrêtent devant nous le mouton empalé, comme pourrait le faire un maître d'hôtel de bonne maison, présentant au milieu de la table, un faisan dressé sur plat d'argent. L'exhibition

faite, les valets font lentement le tour des convives. Puis débarrassé de ses bois, posé sur un plateau gigantesque de cuivre gravé, le mouton rôti tout entier, prend la place du milieu de la table.

C'est un morceau de choix que connaissent bien tous les Algériens. Pour la circonstance il a été particulièrement recommandé au cuisinier. Le mouton, choisi gras et dodu, a été rapidement saigné au cou, vidé, enfilé, tailladé sur le dos et arrosé pendant deux heures de beurre frais devant un feu vif et clair de bois de thuya bien sec pour éviter le goût de fumée.

Au premier abord, le pauvre mouton nous soulève un peu le cœur avec sa tête ratatinée, ses dents saillantes et sa langue pendante ; il a conservé, à vrai dire, l'aspect d'un cadavre d'ennemi que doivent manger les cannibales. Mais nous avons une faim canine, et nous sommes tous venus chercher des sensations nouvelles. L'un d'entre nous qui a quelque peu fréquenté les Kabyles, n'y regarde pas de si près. Il n'hésite pas, pris d'une fringale inassouvie ; il se lève, se penche vers le mouton rôti et brusquement arrache du dos, entre le pouce et l'index, une lanière de peau croustillante et dorée ; il y mord à pleines dents, la tenant avec la fourchette du père Adam et sans se soucier autrement du jus qui dégoutte dans son assiette, pendant qu'il joue de la mâchoire.

Il croit nous avoir donné le bon exemple. Nos répugnances persistent. On ne se débarrasse pas aisément de ses scrupules de propreté. Les serviteurs comprennent nos hésitations, ils enlèvent le méchoui de la table, le portent sur un dressoir. A la pointe du couteau, l'écuyer tranchant découpe savamment dans le filet des morceaux choisis qu'il nous fait servir dans un plat, pour la plus grande joie de nos estomacs.

Délicieux alors ce mechoui cuit dans son jus ! Onques ne mangea meilleure viande, plus savoureuse et plus juteuse, même dans les grill rooms les plus sélects de la Cité à Londres. La cuisson est parfaite, le beurre a pénétré dans les chairs, le sang s'est transformé, comme goût, en lait d'amandes.

Le menu n'est pas épuisé. C'est le repas magnifique de Boileau. La *Tourti*, pâté de mouton, succède au méchoui. Viennent ensuite les plats sucrés, les entremets arabes : la *Kefta*, mélange de farine, de sucre, de miel et d'amandes pilées. Puis des beignets exquis et un régime de bananes qui fondent dans la bouche. Enfin, l'aiguière aux ablutions des doigts fait son apparition avec son eau parfumée et, pour s'essuyer, la serviette brodée de soie de couleurs.

Aussi, après ce repas, tel qu'en faisaient les chevaliers du moyen âge, la sieste s'impose. Les domestiques l'ont vite compris. Ils enlèvent le couvert et s'effacent discrètement. A peine le temps de brûler une cigarette, après leur départ ; alors, accablés par la chaleur qui monte et par la digestion qui s'opère, nous nous allongeons qui sur les lits, qui sur les fauteuils, qui sur les divans. Le plus aguerri s'étend par terre sur le moelleux tapis avec un coussin sous la tête et nous dormons tous d'un profond sommeil, comme à la fin d'un chant d'Homère dans son épopée de l'*Iliade*.

Une heure après, notre jeune interprète vient frapper à notre porte pour nous réveiller et nous prévenir que la Marabouta nous attend. Une longue distance nous sépare de la maîtresse de céans. Il faut traverser plusieurs cours et passages, peuplés de tolbas muets et impassibles qui nous suivent avec le regard soupçonneux d'ennemis irréconciliables. On se dirait à la cour du sultan du Maroc.

Mais, avant l'audience, je tiens à faire une station aux cuisines. Elles rappellent, par leurs dimensions, celles de nos vieux châteaux du moyen âge. Une cheminée à faire rôtir un bœuf entier, de nombreux fourneaux toujours en activité, de longues tables massives, des bassines gigantesques pour cuire le couscouss. Il y a. sous les ordres du chef, huit marmitons en gandoura de couleur foncée, qui vont et viennent, lardoire en main, comme il est dit dans le conte *Riquet à la houppe.*

Tous les jours, paraît-il, dans cette maison de la Paix du Seigneur, on donne à manger à cinq ou six cents personnes; ce sont des repas gigantesques pour les pauvres qui passent et pour les Ashal, compagnons du zèle et de la main, les amis du tapis et de la natte; mais dans ces noces de Gamache la bonne chère, bien entendu, n'est pas aussi délicate pour la multitude et ne saurait se comparer à celle que nous venons de savourer.

Nous voici dans la grande cour d'honneur où nous attendons qu'il plaise à sa sainteté marabouta de nous donner audience. Des tapis ont été étendus sur le sol, quelques chaises sont rangées autour de la table que recouvre un tapis de laine rouge.

En ma qualité de doyen d'âge, je suis chargé d'adresser les félicitations d'usage à Sa Grandeur notre hôtesse, et de lui présenter mes compagnons de route; deux ladies et deux gentlemen d'Alger et de Paris. L'interprète traduira par phrase ; je prépare d'abord dans ma tête une harangue à laquelle je tiens à donner une tournure musulmane :

Qu'Allah vous protège !

Que les faveurs divines se répandent sur vous !

Que le dieu clément et miséricordieux soit avec votre seigneurie !

Je cherche encore une formule coranique, pour mon début, quand Lella Zineb fait son entrée par une porte basse, suivie de ses femmes qui lui forment un cortège et dont la physionomie exprime une vive curiosité.

— Soyez les bienvenus, nous dit-elle en arabe, car elle ignore même les mots les plus simples de notre langue.

Nous nous empressons de nous incliner lentement en saluant à la française.

La marabouta ne porte pas le voile ordinaire des femmes de sa religion, sa figure est découverte. C'est une femme d'une trentaine d'années au visage émacié, d'une maigreur ascétique, avec des yeux intelligents et doux. Ses vêtements blancs, épais et lourds, donnent d'abord l'impression d'une abbesse du grand siècle. On dirait la supérieure d'un couvent. La sainte femme, en effet, est malade, minée par la fièvre endémique qui fait tant de ravages en été dans la région.

Ne pouvant embrasser le pan de sa melhafa comme les vrais croyants, je me contente de lui baiser la main respectueusement et de lui adresser, sans emphase, par notre jeune interprète, quelques remerciements sur sa généreuse hospitalité et j'ajoute qu'elle a conquis l'estime des Français qui la vénèrent pour son inépuisable charité ; je lui présente ensuite mes amis en détaillant leurs qualités.

Elle me répond quelques mots pour nous remercier à son tour de notre visite. Il est rare, dit-elle, que des dames françaises affrontent la pénible traversée du désert pour venir jusqu'à El-Hamel, et elle finit par nous demander si nous avons été satisfaits de notre repas.

Il aurait fallu être bien difficile et de fort mauvais goût pour se plaindre d'un accueil si charmant. J'accentue mes actions de grâces et la conversation s'engage sur notre traversée du Hodna et sur les péripéries du voyage de M'sila à Bou-Saada.

Je ne tarde pas à aborder le sujet qui m'intéresse surtout et je lui explique, par notre interprète, que chargé d'une mission par le Gouvernement, je cherche à voir, un peu partout, les bijoux que possèdent les grands personnages; j'ajoute que je prépare un travail sur ce sujet, afin de réagir contre le goût que les femmes indigènes, négligeant les bijoux traditionnels, montrent, depuis quelque temps, pour les nouveautés européennes. Je fais appel à son patriotisme pour m'aider dans ma tâche en défendant un art industriel indigène qui se perd et qui s'altère. Bref, je lui demande la grande faveur d'admirer les nombreux et beaux bijoux qu'elle possède et dont on m'a beaucoup parlé.

Elle m'écoute avec attention, sans m'interrompre, sans me questionner, par moments, comme abîmée dans une sorte de rêverie, puis, pour toute réponse, elle fait un signe à l'une de ses servantes, qui s'approche, et lui donne un ordre bref à voix basse.

Quelques instants après apparaissent deux domestiques nègres portant chacun dans leurs mains deux de ces grands plateaux de bois, creux et larges, dans lesquels il est d'usage de servir le couscouss. Sur l'un, dans un foulard noué, les bijoux d'or, sur l'autre, dans la même enveloppe, les bijoux d'argent. A eux deux, ils pèsent bien vingt livres.

Lella Zineb, de ses doigts effilés et vierges de toute teinture, déroule les foulards, et les bijoux roulent de leurs enveloppes et s'entassent sur les plats avec un bruit argentin. Je les prends un à un et je les examine avec soin, en amateur qui s'y connaît. Je n'en avais vu autant à la fois nulle part, même chez les chefs les plus riches.

Ce sont d'abord de gros khelakel ou anneaux de jambes en or massif avec, aux extrémités, des dés écrasés au marteau ; des bracelets à grilles faits dans l'Aurès ; des colliers composés avec des bzaim ovoïdes ou ajourés auxquels s'accrochent des pendeloques ; des chaînes à maillons plats et déchiquetés. Puis des boîtes à talismans, des pendants d'oreilles avec des grappes de perles, des diadèmes à deux rangs formés de plaques à charnières où s'enchâssent des pierres précieuses. C'est un éblouissement.

Telle est la richesse de ces parures qu'on dirait le trésor de Théodora venu s'échouer de Byzance à El-Hamel. Et toutes ne sont guère que des dons faits par les âmes pieuses, des offrandes envoyées de toutes les régions africaines par le peuple saint à sa marabouta vénérée.

Néanmoins, les beaux yeux de la cassette ne me font pas perdre de vue mon sujet et je propose à Lella Zineb de choisir quelques beaux spécimens de la collection magnifique pour les photographier.

— J'aime la France et les Français, me répond-elle gracieusement. Vous venez au nom du Gouvernement. Je n'ai rien à vous refuser, car je suis heureuse de vous être agréable.

L'un de nos amis, M. Paul de Cazeneuve, s'assied à califourchon sur une chaise. Nous étalons sur son dos et nous fixons, par des épingles, quelques-unes des plus belles pièces pour en prendre un instantané afin d'en fixer la silhouette.

Pendant ce temps, nos compagnes de voyage, séduites par l'air bon et doux de Zineb, s'intéressent à sa santé qui paraît si précaire. Est-ce de l'anémie ? Est-ce de la fièvre ? Est-ce pis ?

Très touchée de cette attention, la malade les entraîne dans ses appartements pour leur expliquer ses souffrances. C'est le gynécée où nous ne pouvons pénétrer. Il s'agit peut-être de confidences que nous ne saurions entendre.

Notre attente est de courte durée.

Ces dames reviennent vite. Elles ont dans les mains des chasse-mouches semblables à de petits drapeaux faits avec des feuilles de palmiers et décorés de broderies rouges et bleues. Les femmes de la marabouta leur ont offert ces souvenirs pour les remercier de leur visite.

La conversation, du reste, a été brève. Mme C..., qui fait de la médecine pratique pour donner, en cas de guerre, des soins dans les ambulances, a ausculté la marabouta. Elle a constaté qu'elle n'était atteinte que d'une forte bronchite, de nature à céder devant des frictions réitérées d'essence de térébenthine. A leur retour à Alger, elle lui enverra des pastilles de Kermès pour dégager l'engorgement des muqueuses.

Mais l'heure passe. Il faut songer à la retraite. Nous prenons congé. Le landau qui nous attend à l'entrée du manoir nous reprend et nous entraîne, par le même chemin, au grand trot de ses mules, vers l'oasis de Bou-Saada.

A mi-chemin, notre aimable compagnon de voyage, Paul de Cazeneuve, nous quitte. Ses fonctions de contrôleur de la Garantie l'appellent ailleurs. Il va attendre la diligence qui passe et qui le conduira à Djelfa par une autre route, pour, de là, gagner Laghouat et pousser ensuite jusqu'à Gardaïa, dans le Mzab. Notre séparation est pénible ; nous échangeons d'affectueuses poignées de main, et nous nous disons au revoir.

Nous nous retrouverons bientôt à Alger ; mais nous regrettons de ne pouvoir conserver jusqu'au bout de notre excursion cet ami content de tout, toujours de belle humeur et avec lequel il était si facile de s'entendre.

Nous arrivons sans encombre dans la ville des Palmiers épanouis. J'y retrouve mon guide ordinaire, Mohamed ben Azis, agent de police de première classe. Il me fait ses confidences; son désir secret d'obtenir une récompense, une médaille d'or qu'il porterait fièrement sur la poitrine et qui en imposerait aux indigènes. Il a pour suprême ambition d'être nommé brigadier de police ; le chevron figurerait bien sur son uniforme. Il y a quelques droits, ayant servi six ans dans les spahis. Sorti du régiment avec le grade de brigadier, il entra aux bureaux arabes, où il remplit pendant six autres années les fonctions d'interprète. Il avait été nommé au choix. Agent de police depuis quatre ans, il compte seize ans de service ; voilà des titres, assurément, auxquels s'ajoutent de bons certificats. Je promets à ce brave homme de prendre sa cause en main. Je le recommanderai en haut lieu.

Homère commence presque tous ses chants de la même façon. Tous les soirs de notre odyssée se terminent de même. Nous ne sommes pas des héros de l'*Iliade*, mais nous éprouvons le besoin d'aller dormir : nos yeux sont las.

VIII

LES SAUTERELLES

Mercredi, 3 mai 1899.

Ma petite smala et moi, réveillés avant le jour, nous nous levons dès l'aube. Le chargement des bagages s'opère, sans perdre de temps. Le renouvellement de notre attelage, quatre chevaux de front, ne nous inspire pas pour cela plus de confiance, C'est que nous connaissons déjà les perfidies du désert. Pitancier est ravi de se remettre sa route.

— Ces gueux d'Arabes, ne cesse-t-il de répéter, ils me dégoûtent. Il faudrait en purger l'Algérie.

Plus que des Français ! quel beau rêve !... Malheureusement ce sont les Français qui manquent le plus en Algérie. Si Pitancier s'élevait au pouvoir, il serait capable de faire voter l'extermination en masse des Arabes.

Nous connaissons déjà la route. Pour revenir de Bou-Saada à M'sila, nous suivons le même chemin, mais en sens inverse, et nous repassons devant les mêmes palmeraies entourées de murs faits de boue sèche et de cailloux. Pas de transition, nous sommes tout de suite dans le désert.

Bientôt un globe d'or se dégage de l'horizon et illumine l'atmosphère. Sur un poème de Méry, le grand romancier orientaliste, Félicien David a écrit un oratorio où la symphonie du lever du soleil dans les plaines du Sahara émeut profondément. Toute l'intensité de la couleur locale a passé dans l'œuvre du célèbre compositeur. Je me souviens de cette page magistrale. J'en admire la vérité saisissante. On dirait du Fromentin mis en musique.

Çà et là, des taches blanches, sur le sable, complètent l'harmonie du désert. Des groupes d'Arabes, indifférents à ce qui se passe autour d'eux, saluent l'astre du jour en faisant leur prière, tournés vers le Levant. J'ai déjà vu ce spectacle, mais jamais il ne m'a autant arrêté que dans ce décor de la nature saharienne. L'aurore qui se lève semble le prélude d'une belle journée.

De longues caravanes de nomades emportent la récolte d'orge et suivent comme nous la piste tracée dans le sable. Comme toujours, l'âne ouvre la marche, chargé de la tente, des piquets et de la marmite. Derrière, des enfants presque nus courent autour des femmes, dont les robes sont en loques. Quelques-unes, montées sur des chameaux, se cachent dans le bassour enveloppé par le haouli. C'est la voiture du désert, dont les jambes des chameaux sont les roues. Le cortège se complète par des patriarches à la barbe blanche. Ils marchent lentement, le bâton à la main. Leur burnous est tellement troué qu'il semble enveloppé de charpie. Ce n'est pas

une théorie antique qui passe, c'est un amas de guenilles qui marche.

Il est impossible de trotter dans les dunes. Nous traversons au pas ces repaires de vipères à cornes, nous ne mettons pas pied à terre, car nous avons vu de trop près ce terrible serpent et nous redoutons plus que jamais sa traîtrise et sa morsure.

Un fourgon, chargé de voyageurs, attelé de cinq chevaux, nous croise. Leur vitesse est sensiblement supérieure à la nôtre. A peine nous ont-ils dépassés que les tribulations commencent ou plutôt recommencent. Nous avons dans notre attelage un cheval rétif qu'il faut dételer et que l'on attache au marchepied de notre véhicule. Bientôt, d'un brusque coup de tête, l'animal brise sa longe, s'échappe et se sauve au galop dans le désert.

—Jahour! (rosse) Djiha! (charogne), s'écrie Pitancier, en faisant claquer d'un seul coup son fouet comme un pétard!

L'évadé va prendre ses ébats dans les vastes solitudes. Déjà on ne le voit plus. Est-il perdu? Il y a quelque chance qu'il ne revienne pas de lui-même se remettre dans le brancard.

Pitancier ne sait plus que faire. Il regarde stupidement l'horizon. Passe à cheval un de ces indigènes qu'il exècre tant (oh ! les bandits !). Mais les nécessités de la situation le transforment. Il se fait doux, insinuant, communicatif, pour lui raconter sa mésaventure. L'Arabe qui monte un pur sang s'informe du sexe de la bête :

— Une jument, dit Pitancier.

Sans en écouter davantage, le cavalier pique des deux. Le cheval hennit, bondit, se met au galop, disparaît à son tour dans le désert, et revient au bout d'un quart d'heure tenant en laisse la jument errante que l'étalon, se dirigeant droit sur elle, avait vite rattrapée.

On la rattache solidement à la voiture. Voilà un trait à la louange des Arabes. Les réhabilitera-t-il dans l'esprit de Pitancier ?... C'est douteux. Rien ne s'oublie plus vite qu'un service rendu.

Le paysage n'a guère changé. Toujours la mer fauve à perte de vue avec de rares touffes d'herbe qui accrochent le sable et font çà et là de petits monticules, rompant l'uniformité plate du désert.

Çà et là, quelques campements de tribus se dirigeant vers les pâturages du Tell. Leurs tentes faites de féloudji sont relevées sur le devant par deux perches (hamoud) maintenues par deux cordes de laine tressée, fixées à des piquets enfoncés en terre.

8 heures. — Le vent s'élève et, quelques lieues plus loin, passent des cavaliers arabes, heureux de chevaucher dans ce désert dont ils aiment tant l'espace et la liberté... Ils se protègent la bouche d'un voile comme les Touaregs pour éviter l'infiltration du sable, et sur leur dos retombe la Mdolla, le grand chapeau de paille haut de forme à larges bords et aux rayures rouges qui leur protège plutôt le cou que la tête. De temps à autre, ils posent pour nous. Fiers et droits sur leur selle, leur grand burnous flottant, ils lancent leurs montures. Le cheval part, s'arrête, repart, toujours docile. La main du cavalier a quitté les rênes et seuls ses genoux dirigent son coursier comme dans les fantasias. Ce spectacle nous captive, mais hélas ! si l'Arabe a l'orgueil de sa monture, il n'en a pas le soin : les pauvres bêtes n'ont que la peau et les os. Les os saillissent sous la peau couverte de plaies vives. Encore une légende qui s'en va : celle de l'Arabe prodiguant à son coursier plus de soin qu'à sa personne. Il néglige maintenant l'un et l'autre.

7 *heures*. — Les cavaliers arabes sont déjà loin. Le vent s'élève. Le sable d'or s'infiltre de tous côtés dans la voiture ou s'arrête pour se dresser en monticules sur les touffes de driss, espèce de chiendent du désert.

Halte à Baniou où passa Abd el Kader. Tous les Arabes que nous avons laissés malades sont guéris par nos remèdes. Ils entourent la voiture et nous comblent de remerciements.

Il n'y a que Pitancier qui grogne

toujours. De quoi se plaint-il ? Il veut se débarrasser de son cheval rétif. On lui demande deux francs pour le reconduire à Bou-Saada. Il accepte, car il en aurait donné dix. Jamais content, c'est sa devise.

9 *heures.* — Le mirage ! Moins fallacieux que les deux premières fois. La vision est plus nette. A l'horizon, une bande de lumière, sorte de miroir que l'on ne saurait fixer trop longtemps, coupe la montagne. Sur les rives de ce lac les touffes d'herbe se reflètent en arbres gigantesques. Les monticules de sable deviennent des pointes de rochers qui menacent les nues. Décevante illusion ! Que de fois nos soldats en Egypte, dévorés par la soif, s'épuisèrent en vaines recherches pour retrouver la masse d'eau imaginaire ! Les savants ont expliqué que le tremblement incessant des couches inférieures de l'atmosphère, échauffées par la réverbération des sables brûlants, donne ainsi l'apparence d'un lac parsemé d'îlots.

Le désert me rappelle maintenant

le pittoresque tableau vu de nuit, que l'éblouissante palette de Henri Rivière peignit pour la *Marche à l'Etoile*, du Chat noir. Combien provoquera-t-elle encore d'heureuses inspirations cette

Mer jaune, mer ardente aux vagues immobiles,

a dit Jules Lemaître.

Aperçu un lézard doré, reluisant, qui semble sortir de l'eau. Ce reptile, dont j'ignore le nom, est le poisson du désert. On le rencontre empaillé dans tous les bazars indigènes. Sa peau est froide et douce au toucher, comme si elle était vernissée.

Enfin, nous quittons le sable pour entrer dans la région de la boue sèche et du terrain solide, la deuxième zone du désert. La piste devient plus dure à mesure qu'on se rapproche de M'sila. Allant en ligne directe jusqu'à cette ville, des poteaux télégraphiques, à présent, jalonnent la route. Des nomades, montés sur des chameaux, trottent de côté et d'autre. Enveloppés dans leurs burnous, le capuchon baissé, le bandeau sur la bouche, il est impossible de voir leurs figures. Ils ressemblent à ces pénitents du Midi recouverts de leur cagoule.

Autour de nous volent quelques sauterelles, ainsi nommées parce qu'elles sautent, mais on ne saurait méconnaître, dans ce terrible insecte, fléau de l'Algérie, la famille des criquets, déjà dévastateurs en Provence et dans tout le Midi de la France. Seulement le criquet algérien est infiniment plus gros, et il vole mieux et plus longtemps. Il est, auprès de celui de nos provinces méridionales ce qu'est le lézard des mêmes contrées auprès du crocodile africain. Tout prend des proportions gigantesques sous ce soleil incandescent.

En dépit des entomologistes nous continuerons de les nommer sauterelles par habitude, et notre rencontre avec elles, où nous n'avons pas été les plus forts, appellerait aussi le pinceau héroïque de l'auteur de la *Batrachomyomachie*. Elle aussi, la poésie orientale, qui exagère tout, a fait de ce monstre une description apocalyptique, inspirée par une légitime terreur. D'après elle, le criquet saharien, ou la sauterelle, aurait la tête du cheval, les yeux de l'éléphant, le cou du taureau, les cornes de l'antilope, la poitrine du lion, les ailes de l'aigle, les pattes de l'autruche, le ventre du scorpion, le corps du serpent, la cuisse du chameau. Comme on le voit, c'est une pièce montée.

Les premiers assauts que nous subissons ne nous montrent point un pareil assemblage. J'ai fait prisonnier au vol un uhlan d'avant-garde et je peux l'examiner à loisir, autant que le permettent ces premières escarmouches, car les sauterelles volent non plus autour de nous, mais sur nous. Tout en elles est couleur du sable du désert, le corselet, les ailes, les hélitres. J'ai pu en attraper une, elle a la tête ovale, emboîtée dans le corselet, les antennes cylindriques. Ses mandibules garnies de dents aiguës lui permettent, dit-on, plutôt que de mourir de faim, de s'offrir le régal d'une de ses cuisses.

A mesure que nous avançons, l'ennemi devient de plus en plus épais et compact. Il plane sur nous et nous suit en légions pressées. J'hésite à respirer, tant le nombre en est prodigieux et obscurcit l'air et l'espace. Je crains même d'ouvrir la bouche. En réalité, nous sommes assaillis par une migration de sauterelles, qui tombent sur nous comme des flocons de neige, car elles apparaissent blanches du côté du soleil. Maintenant nous ne pouvons nous garer de ces pèlerins du désert, ils font escorte à notre voiture. Je monte sur le siège et je fais des moulinets avec ma canne pour les écarter; les dames à l'intérieur les chassent avec leurs ombrelles ; mais nous ne parvenons pas à dissiper des bataillons aussi tenaces. L'insecte volage échappe, revient, échappe encore, revient sans cesse : c'est, acharné sur le lion, le moucheron de La Fontaine. — La comparaison est de circonstance dans les plaines du Sahara, où s'illustra Gérard.

Les bestioles ravageuses forment de tels monticules dans certains plis de terrain, où elles se sont entassées, qu'elles cachent la vue de l'horizon. Au-dessus de nos têtes nous avons la sensation d'un nuage orageux, voilant le soleil et projetant une ombre sur le sable. C'est bien là l'une des sept plaies d'Égypte du temps des Pharaons.

Leur nombre augmente toujours. Est-ce un suaire qui descend du ciel ? Allons-nous être ensevelis vivants ? Les sauterelles vont-elles nous envelopper ? Allons-nous périr étouffés sous cette avalanche ? Nous en sommes couverts, nos chevaux aussi. Que devenir ? La fuite est impossible. Nous luttons contre une pieuvre d'espèce nouvelle, et nous n'avons pas plus chance d'échapper à ses étreintes que Gilliath dans la grotte des *Travailleurs de la mer*.

Si cette formidable pluie continue, si nous ne pouvons plus avancer, ce sera l'asphyxie.

Comment se défendre ?

Une chance imprévue nous vient d'un maigre champ d'orge. Vite les acridiens, affamés, se détournent un peu de nous et s'arrêtent pour le dévorer. Bientôt l'espace cultivé disparaît sous leur couche épaisse. C'est un répit, le salut temporaire. Échapperons-nous à un danger imminent? La terreur nous prend. Il faut fouetter vigoureusement les chevaux et les mettre au galop, comme si nous étions poursuivis sur une des grèves de l'Océan par la marée montante.

Les sabots des chevaux s'empêtrent et s'alourdissent dans l'amoncellement qui obstrue la route et qui graisse les roues de la voiture. Nous ne sommes sortis d'un danger que pour retomber dans un autre. Une nuée vivante de migrateurs a bien vite fait de nous rattraper. Les sauterelles, délaissant le champ d'orge où sont tombées par milliers leurs camarades courent après nous et nous rattrapent: nous sommes la proie qu'elles convoitent.

Un petit oued, cette fois, va devenir notre sauveur. Nos ennemies plus altérées d'eau que de notre sang s'arrêtent, fatiguées, épuisées, tombent, comme de la grêle, en bataillons serrés, dans le lit de la rivière, et y restent. Rapidement, regagnons du terrain et arrivons jusqu'à la petite oasis de *Chellal*.

Nous faisons part de nos appréhensions au gardien du puits artésien ; mais il nous rassure ; il ne paraît point alarmé, il en a vu bien d'autres ; il a eu ses arbres tellement surchargés que les branches se courbaient sous leur poids. Il nous offre dans sa maison un bon déjeuner, qui nous réconforte. Pendant ce temps, les migrateurs qui nous ont harcelés sur la route viennent pour se reposer s'abattre sur le jardin. Le gardien ne s'en émeut pas autrement.

Cependant des chevaux frais, arrivent de M'sila, pour nous relayer. La chaleur intolérable du milieu du jour ne nous empêche pas de nous remettre en route ; nous marchons bon train : hélas ! les sauterelles reparaissent. Pour comble de malheur, nous perdons un moment la piste. Avant de la retrouver, une vague inquiétude nous étreint à la gorge. Nous élevons notre courage à la hauteur du danger. Le courage n'est que de la volonté. C'est après tout l'empire absolu de l'âme sur elle-même dans les occasions difficiles.

Enfin c'est le salut! Nous sortons du Hodna et nous arrivons à M'sila. Curieuse impression, en revoyant ses murs. Accoutumés à voir de très loin, pendant notre traversée du désert, nous ne mesurons plus les distances; nous sommes comme des aveugles qui se heurteraient contre la borne la plus proche.

Sans prendre aucun repos, je me dirige vers la demeure de M. Brugnier, l'administrateur, que je n'ai pas eu la bonne fortune de rencontrer lors de mon premier passage. J'abrège les compliments. Je lui fais part tout de suite de l'arrivée des sauterelles.

— Nous avons failli en être victimes, dis-je; vite, prenez les mesures nécessaires pour en arrêter l'invasion. Elles marchent avec une vitesse de quatre lieues à l'heure : au point du jour. les jardins de M'sila seront ravagés.

M. Brugnier me remercie vivement.

— Bah ! nous les connaissons de longue date, me dit-il; en 1867, elles fauchèrent les champs comme des moissonneuses. Il y a quinze ans, elles ont fait d'effrayants ravages. Je vais commander une escouade pour les écarter de M'sila. Nous savons mieux combattre ce fléau que du temps de la fatalité musulmane. Je disposerai du côté du désert une ligne d'Arabes, ils feront du tapage avec des instruments de toute sorte ; c'est un des meilleurs moyens connus; puis je ferai allumer de grands feux, cette nuit. Cela en exterminera beaucoup. On les brûlera aussi, car leurs cadavres amoncelés peuvent propager la peste. Je n'ai pas d'autre moyen pour les détourner de leur route. Il me manque les bandes de toile cirée sur lesquelles, dans certains pays, elles viennent glisser, ce qui permet de les écraser ensuite. Excusez-moi. Les ordres à donner à mon personnel sont urgents, il n'y a pas un instant à perdre. Voulez-vous me permettre de vous demander une heure de répit? Le temps de tout disposer pour combattre l'invasion. Je serai ensuite complètement à vous; très heureux de vous faire les honneurs de ma résidence.

Je m'empresse d'aller rejoindre mes compagnons qu'une faim canine dévore. Ils sont installés sous les treilles de la terrasse de l'hôtel, devant des saucissons de Lyon secs comme des rondelles de bois et des petits-beurres coriaces comme des feuillets de parchemin. Quant à moi, la soif m'étrangle. Je ne puis plus parler :

— Vite à boire ! qu'on m'apporte de la citronnade bien fraîche.

Je déguste avec une indicible satisfaction cette boisson acide. Que cela est bon de se reposer ! C'est une heure de joie succédant à des heures mauvaises. Flux et reflux ! Mais je ne veux pas m'attarder dans les délices du repos. A l'heure dite, montre en main, je retourne chez l'administrateur, qui m'attend.

— Je crois qu'on aura fort à faire, me dit-il, pour éviter le passage dévastateur. J'ai promis une prime par kilogramme de sauterelles qui me sera apporté. Mes dispositions sont prises ; quelques fanatiques se réjouissent, car ils les adorent, comme nous, les crevettes. Le prophète leur a permis de les manger sans les écorcher. Les chameaux en sont très friands ; les Arabes leur préparent cette ration en les desséchant et les faisant cuire dans un grand trou, entre deux couches de charbon.

« En Perse, on les préfère à la viande. Au Maroc, on les fait sécher sur les toits. Au Sénégal, réduits en farine, on en fait du pain. Comme vous voyez, c'est un mets oriental. Il a une saveur délicate comme le gros ver blanc du palmier. Il sera peut-être, plus tard, pour nos gourmets, un régal comme les nids d'hirondelles, les salaisons de rats, les vinaigrettes d'araignées et les pâtés de larves si recherchés des habitants du Céleste Empire. »

Quand ce sujet tout d'actualité est épuisé, M. Brugnier me promène dans sa charmante résidence qui va de la grande place de la ville jusqu'à la limite du désert. Quelle surprise de

trouver dans ce pays perdu un véritable Eden, riche en verdure de toutes espèces : lauriers-roses arborescents, palmiers nains, buissons de lentisques, vignes grimpantes, bouquets de cactus, sans compter les variétés les plus nombreuses d'arbres fruitiers : tamariniers, grenadiers, pêchers, abricotiers, citronniers, mandariniers et figuiers ; mais ces arbres superbes, dont quelques-uns sont gigantesques, même les mûriers, se présentent sous l'aspect de troncs tortueux. On dirait que la foudre les a contorsionnés ; ont-ils manqué de tuteurs à leur début ? Pas un seul n'est droit comme une colonne. Qu'importe, je garderai de ce jardin une impression délicieuse.

Il nous reste une bonne heure pour faire une promenade avant le coucher du soleil. Nous traversons le pont moderne pour nous rendre dans le quartier juif.

Sur notre route nous voyons au passage des auberges où s'entassent les voyageurs avec leurs chameaux. Conducteurs et animaux se couchent pêle-mêle dans les vastes cours au milieu de la saleté. Cette promiscuité de l'homme et de la bête est répugnante d'aspect.

Voici, cheminant à la file, des chameaux portant leur faix et marchant doucement. Leurs longues babines ruminent sans cesse pour leurs cinq estomacs une nourriture problématique. Il nous prend, comme aux enfants au Jardin d'acclimatation, une envie folle d'essayer de cette monture. Nous parlementons avec un chamelier qui arrête l'une de ses bêtes.

Monter à chameau n'est pas un genre d'équitation banale. Le véhicule du désert, sobre, mais d'humeur quinteuse, proteste d'abord. Puis, forcé de s'accroupir, les jambes recourbées sous lui, il pousse un cri discordant, fait la grimace, ouvre la bouche, sort sa langue, s'agite comme une loque et montre ses larges dents grincheuses. Enfin le chameau attend en exhibant son mécontentement, car s'il est doux il n'a pas de patience. Il continue à geindre tant que le cavalier ne s'est pas mis à califourchon sur son dos.

Alors, sur un geste du conducteur, le chameau ouvre ses compas et se relève en deux secousses : la première produite par le développement des jambes de devant nous lance brusquement en arrière ; la seconde par le relèvement de l'arrière-train, qui se détend comme un ressort, vous renvoie vivement en avant. Vous vous accrochez à la bosse du quadrupède et il se met à marcher. Gare au trot, il est dur et saccadé ! Bref, l'essai fait, nous déclarons tous fort désagréable cette équitation saharienne. Peut-être lui préférerions-nous encore, s'il fal-

lait recommencer la route, les cahots de notre boîte mal roulante.

Le cavalier que l'administration a bien voulu mettre à ma disposition, Yahi Rabbia ben Adel Beck, me conduit de nouveau chez Lattrache où j'ai fait une longue station lors de mon premier passage à M'sila. Encore quelques achats parmi lesquels un *yed ed dorbane*, patte de porc-épic enchâssée dans un plané d'argent. Suspendu par un cordon sur la poitrine ce talisman a la vertu de conserver le lait des nourrices indigènes. Les Israélites le portent aussi pour conjurer les maléfices. Nouvelle commande d'un *mekiasdeg-Hadjar*, composé de sept bracelets pesant quarante grammes chacun. Lattrache doit me l'envoyer à Alger et je le lui payerai à raison de quinze centimes le gramme. Réunis sur le bras, ces bracelets prennent, en se serrant les uns contre les autres, la forme d'une tour où les saillies ressemblent à des pierres taillées en bossage.

En quittant Lattrache, nous sommes témoins d'un trait de fatalisme oriental. Dans la rue, un accident. Heurté violemment par un cheval au galop, un homme est tombé et reste étendu sur la poussière de la route. Personne n'a songé à lui porter secours. On l'emporte à moitié mort à l'hôpital. Autour de nous la foule murmure indifférente « Mektoub ! » Cela devait arriver.

Nous dînions tranquillement, en riant beaucoup, quand le maître d'hôtel plaça devant nous sur la table un gigantesque mechoui et un copieux couscouss. Cet envoi est une attention délicate de Boudiaff Hadj ben Ahmed prévenu de notre retour. Nous lui avions peut-être trop dit que nous trouvions ces mets délectables. Il s'est empressé de nous les envoyer comme carte de visite.

Peu après, le caïd vient prendre le café avec nous. La conversation s'engage sur un sujet inépuisable. Boudiaf déteste les Juifs et il nous conte quelques traits de leur rapacité. Dans l'une de ses tournées, il surprit un de ces Sémites aux doigts crochus se servant de ses ongles qu'il avait laissé croître démesurément, pour arracher de la laine au dos des moutons près desquels il passait. Il en arrachait gros ainsi. Les petites poignées font les grands tas.

Le caïd n'est pas pressé. Sa visite se prolonge assez tard pour des voyageurs aussi harrassés que nous le sommes. Aussi quand il nous quitte à onze heures, je tombe comme une masse sur mon lit, après l'avoir, au préalable, saupoudré de poudre insecticide. C'est la précaution indispensable dans un pays où les insectes se développent dans d'excellents bouillons de culture. Cependant l'hôtel est bien tenu.

A quoi ai-je rêvé? Je l'ignore. Peut-être à ces recoins où la nécessité oblige à pénétrer, ignobles cloaques avec une large cuvette en pierre percée d'un trou. Quoi qu'il en soit, j'ai dormi comme une souche, sans bouger de place dans l'étroit lit de cuivre de la petite chambre carrelée qui m'a été dévolue. Si le sommeil prend du temps, il donne des forces.

IX

RETOUR A ALGER

5 mai.

Quand nous quittons l'Hôtel des Voyageurs, à quatre heures et demie du matin, l'aurore aux doigts de rose n'a pas encore entr'ouvert les portes de l'Orient. En langage vulgaire, il ne fait pas encore jour. Les réverbères continuent à flamber dans M'sila silencieuse.

Rien de plus triste qu'un départ dans la nuit. On dort encore en se mettant en voiture. On a peine à secouer l'engourdissement du réveil. De petits frissons vous agitent et la gaieté ne revient qu'aux premiers rayons du soleil.

Petit à petit, le jour se lève. C'est le crépuscule du matin dans lequel nous distinguons vaguement la route en lacets contournant la montagne avec un rempart de rochers qui en surplombe les méandres. Revu les blanchisseuses au bord de l'oued et dans la plaine. Revu les pèlerins en caravane si souvent décrits, et dont la vue

ne suscite plus, chez nous, aucune impression nouvelle.

Devant nous un Arabe trotte au pas relevé de son âne. Nous le dépassons. Il chante une mélopée monotone et gutturale qu'il n'interrompt même pas pour nous saluer suivant l'usage de son pays.

L'aurore éclaire maintenant un fond

jaunâtre recouvert d'herbes vertes. Ce n'est plus ni le sable d'or ni la boue grise du désert. Sur la route bien macadamisée notre vieille guimbarde avec un bruit de ferraille roule sans trop de tirage pour les chevaux.

Arrêt à Mendjes où la cabaretière nous sert un affreux café qu'elle nous fait payer beaucoup trop cher. Notre mécontentement se traduit en phrases vives et malgré sa parenté avec l'hôtelière, Pitancier, peu satisfait lui-même du breuvage, prend le parti de ses clients.

Puis, en route une nouvelle fois !

Arrivé à Bordj-bou-Arreridj, première station en chemin de fer qui doit nous conduire à Alger. C'est là que Pitancier doit nous quitter. Nous n'entendrons plus ses terribles imprécations contre les Arabes. Avec d'autres, il continuera à en parsemer les routes sur lesquelles sa destinée est de vivre et de mourir sans doute, loin du village de France où il est né.

Puis une courte visite, adieux et poignées de main à l'aimable receveur particulier Alem. A notre premier passage, en bon Européen, il nous a ouvert sa maison, tandis que les indigènes fermaient la leur. Nous reverrons-nous jamais ? C'est la tristesse des voyages, ces relations éphémères qui se continuent rarement.

Le lendemain, nous étions de retour dans nos pénates algériennes de la place Bresson, sains et saufs, après avoir vu la mort de près sous le couteau des Arabes et les mandibules des sauterelles. Que de fois se dérouleront sur l'écran de notre mémoire les tableaux pittoresques, les péripéties amusantes, les révélations de mœurs et les incidents pleins de charme de notre traversée d'Alger à Bou-Saada !

A l'œuvre maintenant pour raconter ce voyage qu'on pourra, sans avoir à en subir les fatigues, lire à son aise dans le volume chargé d'en conserver le souvenir.

FIN

BIBLIOTHÈQUE NATIONALE IMPRIMÉS

TABLE DES MATIÈRES

Chapitres		Pages
I.	D'Alger à Bordj-bou-Arreridj. . .	1
II.	De Bordj à M'sila.	25
III.	M'sila	45
IV.	Traversée du Hodna.	75
V.	Bou-Saada	111
VI.	Le tueur de vipères	149
VII.	Visite à la marabouta Zineb . . .	167
VIII.	Les sauterelles	195
IX.	Retour à Alger	221

R.F. BIBLIOTHÈQUE NATIONALE

ÉVREUX, IMPRIMERIE DE CHARLES HÉRISSEY

www.ingramcontent.com/pod-product-compliance
Ingram Content Group UK Ltd.
Pitfield, Milton Keynes, MK11 3LW, UK
UKHW020449200726
13857UKWH00002B/631

9 782012 927223